님께

화내지 않고
상처 주지 않고
진심을 전하는

엄마의 말하기 연습

엄마의 말하기 연습 (20만부 기념 스페셜 에디션)

: 화내지 않고 상처 주지 않고 진심을 전하는

스페셜 에디션 발행 2022년 10월 5일
2쇄 발행 2022년 10월 21일

지은이 박재연 / **펴낸이** 김태헌
총괄 임규근 / **책임편집** 권형숙 / **편집** 김희정, 윤채선 / **디자인** 어나더페이퍼 / **일러스트** 공인영 / **교정교열** 박성숙 / **녹취** 박희원
영업 문윤식, 조유미 / **마케팅** 신우섭, 손희정, 김지선, 박수미, 이해원 / **제작** 박성우, 김정우

펴낸곳 한빛라이프 / **주소** 서울시 서대문구 연희로 2길 62
전화 02-336-7129 / **팩스** 02-325-6300
등록 2013년 11월 14일 제25100-2017-000059호 / **ISBN** 979-11-90846-49-3 13590

한빛라이프는 한빛미디어(주)의 실용 브랜드로 우리의 일상을 환히 비추는 책을 펴냅니다.

이 책에 대한 의견이나 오탈자 및 잘못된 내용에 대한 수정 정보는 한빛미디어(주)의 홈페이지나 아래 이메일로
알려주십시오. 잘못된 책은 구입하신 서점에서 교환해드립니다. 책값은 뒤표지에 표시되어 있습니다.
한빛미디어 홈페이지 www.hanbit.co.kr / **이메일** ask_life@hanbit.co.kr
한빛라이프 페이스북 facebook.com/goodtipstoknow / **포스트** post.naver.com/hanbitstory

---

지금 하지 않으면 할 수 없는 일이 있습니다.
책으로 펴내고 싶은 아이디어나 원고를 메일(writer@hanbit.co.kr)로 보내주세요.
한빛라이프는 여러분의 소중한 경험과 지식을 기다리고 있습니다.

화내지 않고
상처 주지 않고
진심을 전하는

엄마의 말하기 연습

박재연 지음

***

20만부 기념 스페셜 에디션

***

HB 한빛라이프

무엇이
우리를
'좋은 엄마'로
만들까

　우리는 여러 가지 역할을 하며 살아갑니다. 그중 죽는 순간까지 결코 내려놓거나 포기할 수 없는 게 '엄마 역할'일 것입니다. 결혼 후 계획을 세워 아이를 낳은 사람도, 결혼하고 나니 자연스레 아이가 생긴 사람도, 설레고 두려운 마음으로 엄마 역할을 시작해 평생을 헌신하며 살아갑니다.

　조그만 아이를 처음 품에 안았을 때의 형언할 수 없는 마음을 기억할 것입니다. 누가 강요하지 않아도 이 아이를 건강하게 키우며 좋은 엄마가 되겠다는 다짐을 하게 되지요. 출산으로 무너진 몸을 추스를 겨를도 없이 말입니다. 하지만 세상에 쉬운 일이 있던가요. 아이를 키우다 보면 당황스럽고 두려운 상황도 많고, 아이를 대하는 자신을 보며 엄마 자격이 없는 것은 아닌지 실망하기도 합니다.

외국으로 나가 아이도 저도 적응하기 위해 노력할 때였습니다. 아이는 첫 등교 이후 학교에 데려다주겠다는 저를 한사코 거부하며 혼자 가겠다고 했습니다. 그런데 몇 주가 흐른 어느 날 점심시간에 그 씩씩했던 아이가 전화를 걸어 울먹이며 말했습니다.

"엄마, 한국말로 된 책 좀 갖고 와줘요. 아무도 나랑 놀지 않아요."

저는 아들이 친구들 사이에서 소외된 채 몇 주를 보냈고, 그 모습을 엄마인 저에게 보이기 싫어했다는 것을 그제야 알아차렸습니다. 책을 가지고 서둘러 학교로 달려가니 아들이 저 멀리 운동장에 덩그러니 혼자 서 있었습니다. 그 모습을 본 저는 엄마로서 유지해야 할 균형 감각을 잃어버리고 선생님을 찾아가 왜 아이를 저렇게 혼자 두었냐고 큰소리로 따져 물었습니다. 선생님은 문화 차이이니 조금만 더 두고 보자 했지만, 아들의 움츠러든 어깨와 슬픈 눈을 본 터라 그 말이 제게 와닿지 않았지요. 그러나 당장은 방법이 없었습니다. 아들에게 가기 전 잠시 화장실에 들러 눈물을 닦고 '지금 내 아이에게 필요한 게 무엇일까?'를 곰곰이 생각했습니다. 저는 천천히 아이에게 다가가 꼭 안아준 다음 책을 주고 돌아왔습니다.

그날 오후 집에 돌아온 아이와 이야기를 나눴습니다. 어린 아들은 제게 안겨 울면서 한국으로 돌아가고 싶다고 했습니다. 그 후 아들은 집에 오면 그렇게 싫어하던 책을 몇 시간씩 읽으며 외로운 시간을 견디더군요. 친구들과 지내기 힘든 이유에 대해 아들과 종종 이야기를 나누었고, 그렇게 3개월쯤 지나자 아들은 운동장에서 친구들과 재미있게 놀기 시작했습니다.

아이와 함께 살아온 지난 시간을 돌아보면 종종 합리적 사고를 벗어나 감정적인 파도에 휩싸였던 기억이 납니다. 아이가 싫다는 말을 몇 번 하면 목소리가 격앙되기 일쑤였지요. 잠든 아이를 보면 후회가 밀려와 잠을 이루지 못한 날도 많았고요. 제가 만난 엄마들도 저와 같았습니다. 한 전업주부는 자신의 감정을 다 쏟아내는 대상이 아이여서 너무나 미안하다고 고백했고, 어떤 워킹맘은 아이와 충분한 시간을 보내지 못해 마음이 아픈데도 집에 오면 너무 피곤해 아이에게 짜증을 내고, 잠든 아이를 보면 미안해서 울다 잠이 들곤 한다고 고백했습니다.

이제 그런 죄책감은 잠시 내려놓고 생각해보면 좋겠습니다. 우리는 엄마라서 가능한 중요한 일들을 경험합니다. 주는 기쁨과 기여하는 가치를 배우고, 아이의 웃음을 통해 행복을 느끼죠. 엄마가 되기 전, 우리가 타인 때문에 진실로 괴로워하고 마음 다해 아파했던 적이 있나요? 그런 우리가 아이가 아프면 자신이 아픈 것보다 더 고통스러워하며 잠을 설치기도 합니다. 때로 성숙하지 못한 행동을 하고 후회하지만, 조금의 가식도 없이 아이의 행복을 진심으로 바라죠. 엄마이기 때문입니다.

좋은 엄마의 자격 같은 건 없습니다. 지금 아이의 고민을 들어줄 수 있고, 아이가 눈물을 보이며 자신의 아픔을 말할 수 있다면, 당신은 이미 최고의 엄마입니다.

그동안 상담한 수많은 내용 중 부모들의 마음을 위로하고 아이와 좀 더 현명하게 대화를 이어가는 데 도움이 될 만한 이야기들을 엮었습니다. 많은 사례를 통해 완벽하진 않지만 지금 이 순간 아이들과 함께, 아이들의 시간 속에 머물면서 사랑한다고 말할 수 있는 방법을 찾아갈 수 있기를 바랍니다.

우리는 모두 그 누구도 대신할 수 없는, 지금 이대로 좋은 엄마입니다.

햇살 가득한 아들 방에서
박재연

《엄마의 말하기 연습》을 처음 쓸 때 이렇게 많은 분들이 사랑해주시고 읽어주실 거라는 기대는 미처 하지 못했습니다. 부모님들이 자녀와 마주할 때, 어린 시절 자신들이 가졌던 결핍의 눈으로만 자녀를 보지 않고, 좀 더 성숙하고 따뜻한 시선으로 볼 수 있기를 바라며 써 내려갔지요. 지금 생각해보면 어린 시절 제가 부모님께 간절히 바라던 모습이자 엄마로서 제 아들에게 주고 싶던 눈길을 부모님들이 가졌으면 했던 것 같습니다. 20만 가까운 독자분들이 남겨주신 서평을 보며 제 바람이 개인적인 것만이 아닌, 많은 부모님의 바람이었다는 것을 확인한 것 같아 마음이 참 든든했습니다.

자녀가 소중하고 고마운 이유는, 아이가 자라는 동안 부모인 우리는 "성장과 배움"을 경험하고, 그것이 어떤 선물보다 크기 때문인 것 같습니다. 우리는 아이를 키우며 우리 자신의 부족함을 깨닫고 더 나은 어른이 되려 노력하며, 우리가 받는 사랑이 얼마나 큰지를 알고 행복해하며, 우리 내면의 잠재력과 책임감이 얼마나 깊은지 알아가고, 우리의 마음이 얼마나 우주같이 넓어지는지도 경험합니다.

저 역시 아이가 어릴 때는 서툴고 미숙했던 것 같습니다. 무엇이든 다 해주고 싶은 마음이 앞서서 아이가 정말 무엇을 원하는지 헤아리지 못했던 날도 많았습니다. 이제는 그 아들이 훌쩍 커서 군 생활을 하고 있습니다. 독립해가고 어른이 되어가는 아들을 보면서, 이제 부모로서 제가 아들에게 해줄 수 있는 것은 멀리서 마음으로 응원하고 격려의 메시지를 건네는 것 외에는 없다는 것을 새삼 깨닫습니다. 이렇게 '바라봄'이 부모가 자녀에게 줄 수 있는 또 다른 차원의 깊은 사랑이라는 것도 배우게 되었습니다.

《엄마의 말하기 연습》을 통해 조금 더 많은 부모님이 아이를 있는 그대로 인정해주고 바라보는 것만으로도 사랑을 표현할 수 있다는 걸 느낄 수 있기를 바랍니다. 더 많이 웃고 더 많이 사랑하면서 지내기를 소망합니다. 우리 아이들이 부모님의 웃는 모습을 보면서 안정감을 느끼고, 스스로를 더 아끼고 사랑할 힘을 얻으며, 그 힘으로 주변 사람들과 따뜻한 관계를 맺으며 살아가길 바랍니다. 부모인 우리에게 그 이상 벅찬 일이 있을까요? 그 모습을 매일 그리면서 자녀와 함께 살아가시기를.

2022년 가을,
박재연 드림

CHAPTER. 1

엄마인 나
이해하고 공감하기

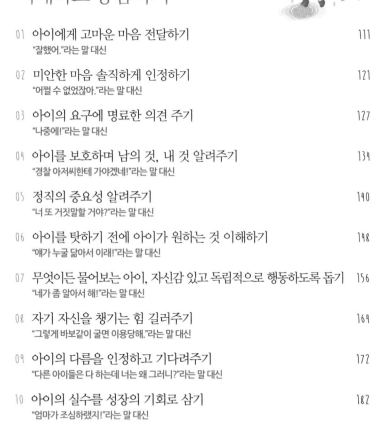

CHAPTER.2

우리 아이
이해하고 공감하기

엄마인 나
이해하고 공감하기

01
지금 충분히 사랑하며
살고 있나요?
엄마 자신을 지키는 사랑의 힘

엄마들은 늘 '어떻게 하면 자식을 더 사랑할 수 있을까?', '어떡해 야 아이에게 내 사랑을 표현할 수 있을까?'를 고민합니다. 제가 엄마들을 만나 대화 훈련을 하면서 종종 듣는 말이 있습니다.

"아이한테 좋은 엄마가 되고 싶은데 감정 조절이 안 돼요."

"제가 대화를 잘하는 사람이 아니라서 막상 이야기를 시작하면 어떻게 이어가야 할지 모르겠어요."

사랑하지만 마음만큼 표현하지 못해 고민이라는 엄마들에게 어느 날 제가 이런 부탁을 했습니다.

"눈을 감고 무언가를 돌려받겠다는 기대 없이 누군가에게 도움을 주거나 베푼 경험이 있는지 떠올려보세요."

한 엄마가 눈을 감은 채 미소를 지었습니다. 초등학교 3학년과 5

학년 자녀를 둔 그분께 눈을 감고 있는 동안 어떤 것이 떠올랐는지 물었습니다.

"저희 옆집에 만삭인 임신부가 있어요. 그 임신부를 볼 때마다 주말 부부로 지내느라 언제나 혼자 밥을 먹은 제가 생각났어요. 하루는 그 사람이 어떤 상황인지도 잘 모르면서 엘리베이터에서 만나자마자 무작정 말했어요. 점심 안 먹었으면 같이 먹자고. 평소의 저는 친하지 않은 사람과 같이 밥을 먹는 경우가 드문데, 그날은 같이 먹는 내내 어색하지도 않았고, 돈을 내면서도 기분이 좋았어요. 그 임신부한테 무언가를 주었다고 생각했는데, 지금 생각하니까 오히려 제가 받은 기분이 들어서 웃음이 나네요."

이분은 사실 누군가에게 어떤 보상의 기대 없이 주는 기쁨을 얻었고, 그런 능력이 자신에게 있음을 발견한 것입니다. 그 자리에 있던 다른 엄마들과 저는 박수를 보냈고, 말을 한 엄마는 수줍은 듯 미소를 지었습니다.

우리는 이미 충분히 좋은 엄마

"나는 부족한 엄마야."

"나는 너무 형편없는 엄마야."

우리는 종종 이런 말을 하며 좌절하지만 저는 이 말 가운데 숨어 있는 힘을 봅니다. 우리는 늘 아이에게 더 잘해주고 싶고, 잘 못하는 것만 같아 좌절합니다. 하지만 더 잘해주고 싶다는 마음 안에는 더 많이 사랑하고 싶다는 생각이 담겨 있습니다. 다시 말해 자신이 부족하다는 말은, 누군가를 사랑하고자 하는 마음이 깊이 존재한다는 의미이기도 하지요. 그리고 이미 우리는 많은 소소한 사랑을 아이들에게 주고 있습니다. 아이가 이마에 땀이 송골송골 맺히도록 젖을 빠는 모습을 볼 때 아직 아물지도 않은 몸을 일으켜 자세를 고쳐 앉으며 아이가 더 편안하게 젖을 빨 수 있도록 해주었고, 아이가 넘어져 아파하면 가방을 든 채 아이를 업고 집까지 걸어오기도 했지요. 아이가 품에 안겨 잠이 들면 팔이 저려도 그 아이가 더 잘 자도록 참고 안아주기도 했습니다. 자다가도 아이가 울면 벌떡 일어나 젖을 물리거나 분유를 타고, 아이가 아프기라도 하면 뜬눈으로 밤을 새우며 간호를 했지요.

예전의 우리라면 자신이 누군가의 필요에 이렇듯 빠르게 움직이며 반응하는 사람이 될 줄 알았을까요? 우리는 아이를 키우며 종종 자신의 힘에 놀랍니다. 책임감이라 하기엔 너무 큰 이 사랑이 어디에서 나오는지 신기할 만큼 어느새 우리는 모성을 지닌 엄마가 되어가지요.

하지만 이런 힘은 어느 날 갑자기 나타난 게 아닙니다. 우리에게는 이미 사랑하고자 하는 힘이 내재되어 있었던 것입니다. 아무것도 기대하지 않고 그저 아이가 편안하기를 바라는 마음으로 정성껏 아이를 키운 지난날을 절대 잊지 마세요.

사랑은 어떻게
우리에게 왔을까

제가 어렸을 때 부모님은 맞벌이를 하셨습니다. 엄마는 밤 9시가 다되어서야 돌아왔는데, 집에 오자마자 손만 씻고는 우리에게 "배고프지."라고 말하며 옷도 제대로 갈아입지 않고 밥을 차려주었어요. 엄마를 간절히 기다렸던 저는 그 말을 들을 때마다 기뻤어요. 어느새 저도 엄마가 되었고, 옷도 제대로 벗지 못하고 아이들 밥을 차리던 어느 날 갑자기 눈물이 났습니다. 그러면서 어렸을 때 엄마가 집에 돌아와 좋으면서도 한편으론 마음이 아팠던 기억이 떠올랐어요. 엄마가 집에 와서도 쉬지 못하고 우리를 위해 또다시 일을 하는 모습을 보면서 엄마를 도와주고 싶다는 생각이 컸거든요.

이런 마음이 사랑입니다. 우리는 일상이 바빠서 마음 안에 스쳐가는 생각을 그저 흘리고 말지요. 하지만 우리 마음 안에는 참 강한 사랑이 있습니다. 태어난 순간부터 유년 시절을 지나 지금까지 그랬고, 앞으로도 그럴 겁니다. 이 책을 덮는 마지막 순간까지 꼭 기억하세요. 우리가 아름다운 이유는 오로지 우리 마음 안에서 영원히 반짝이는 사랑 때문이라는 것을.

우리에게는 언제부터 이런 사랑하고자 하는 마음과 힘이 생겼을까요? 부모님으로부터 배웠을까요? 학교에서 배웠을까요? 태어날 때부터 우리 마음 안에 그런 사랑의 힘이 있었을까요?

저는 많은 사람을 만나면서 우리 마음속 사랑의 힘, 기여하고자 하는 힘은 학습 이전부터 잠재된 에너지라는 것을 자주 깨닫습니다. 그 힘을 강화할 수 있는 환경에서 자라면 사랑의 힘이 더욱 커지겠지만 그전에 이미 갖고 있는 힘이라는 것을 의심하지 않습니다. 그런데 안타깝게도 우리는 자신에게 이미 내재된 사랑의 힘을 잘 알지도 못하고 믿지도 못하는 것 같습니다.

이에 대해 발달 심리학자 마이클 토마셀로는 《이기적 원숭이와 이타적 인간(마이클 토마셀로 저, 허준석 역, 이음)》에서 인간은 아기 때부터 '타고난 도우미'라고 표현했습니다. 토마셀로는 누군가를 돕고자 하는 마음은 부모가 자녀에게 사회화 과정을 교육하기 이전인 생후 14개월에서 18개월이면 이미 관찰되며, 부모의 보상과 격려가 아이가 누군가를 더 돕거나 위하도록 행동을 촉진하는 것은 아니라고 했습니다. 인간은 태어나면서부터 어떤 보상 없이도 타인을 아끼고 돕는 존재라는 뜻이죠.

놀이터에 나가는 날 아이들이 얼마나 서로를 돕는지 한번 관찰해보세요. 학급에서 선생님을 돕는 아이가 얼마나 많은지도 물어보세요. 여러분이 아팠던 어느 날 고사리 같은 손으로 엄마의 이마를 짚어주던 아이를 생각해보고, 엄마가 속상해하면 같이 울며 속상해하지 말라던 아이를 떠올려보세요. 과연 지금 아이들의 그런 모습이 자신의 어린 시절에는 없었는지도 기억해보세요.

저는 이 책을 읽는 엄마들의 어린 시절 역시 다르지 않았음을 알고 있습니다. 또한 많은 사람을 만나 대화 훈련을 하면서 사람들이 얼마나 더 사랑하기를 원하는지도 알았습니다. 우리에게는 태어난 그날부터 누군가를 사랑하는 마음이 있었고 그 마음은 자연스럽게 주고 싶은 마음, 정보를 나누고 싶은 마음, 돕고 싶은 마음으로 이어지는 것입니다.

사랑하는 힘은
주고 싶은 마음으로 이어진다

사랑하고자 하는 마음은 언제나 타인을 향해 뻗어갑니다. 사랑하는 친구, 가족은 물론 때로는 처음 보는 사람을 향해서도 뻗어가지요. 힘이 없는 노인에게 자리를 양보하는 것은 '그래야 한다(should)'는 의무에서만 비롯되는 행동은 아닙니다. 우리는 여전히 이 사회에서 소외된 많은 이를 위해 어떤 행동을 합니다. 추운 겨울이면 연탄을 나르고, 재난을 당한 이들을 보면 조금씩이라도 돈을 걷어 돕고자 하고, 고통을 당하는 이들의 뉴스가 나오면 밥을 먹다가도 잠시 숟가락을 놓고 침울한 마음으로 그들을 위해 기도하곤 합니다.

진실은, 우리의 마음 안에 있는 '사랑'이라는 에너지가 타인을 위해 '기여'하는 행동을 촉진한다는 것입니다. 그것은 어찌 보면 아주 자연스러운 행위이고 도미노처럼 이어지는 과정입니다. 우리는 그런 마음으로 살아갈 때 누구보다 자신이 행복하다는 것을 알고 있습니다. 그래서 아이들도 그렇게 살아가기를 바라지요. 비교와 경쟁

속에서 살다 보니 종종 우리의 사랑이 빛을 발하지 못하지만 우리 마음 깊숙한 곳에선 내 아이가 사랑과 협력을 아는 사람으로 자라나 기를 간절히 바랍니다.

그래서 때로는 아이들에게 그것을 자꾸만 가르치려 합니다. 저도 제 아이에게 주는 마음, 사랑하는 마음을 가르치려 했던 기억이 있습니다. '사랑'하고 '기여'하는 아이가 될 수 있도록 말입니다. 하지만 아이들은 이미 사랑하는 방법을 알고 있습니다. 굳이 아이에게 베푸는 것을 가르치지 않아도 아이는 이미 누군가를 도와주고 싶은 마음, 사랑하는 마음을 갖고 있고, 마음이 움직이면 발현되기 마련입니다.

"친구의 다리가 불편했을 때, 3개월 동안 매일 아침 친구의 가방을 대신 들고 통학한 적이 있어요. 그때 그 친구와 정말 친해졌습니다. 우리 둘 사이에는 말할 수 없이 깊은 우정이 생겼죠."

"대학 시절, 지하철을 타고 다니다 보면 가끔 껌을 파는 할머니가 계셨는데, 제 용돈을 아껴서 조금 비싼 껌을 꼭 그분께 샀어요. 이왕이면 도움이 필요한 사람한테서 사는 게 좋을 것 같아서요. 그런데 어느 날부터 보이지 않으셔서 아쉽고 걱정되었어요."

사람들은 왜 누가 돈을 주거나 인정해주는 일도 아닌 행위를 하는 걸까요? 왜 우리는 아무도 보고 있지 않아도, 또 누가 시키지 않아도 누군가를 돕거나 무언가를 줌으로써 행복해할까요? 우리는 매 순간을 그렇게 나누며 살지는 못하더라도, 가능하면 누군가에게 자신의 능력과 삶을 나눠주고 싶어 하는 존재입니다. 그렇게 살 때 스스로에 대해 뿌듯함을 느끼고 행복해하죠. 인간은 살아가면서 '의미'를 느끼고 싶어 하는 존재이기 때문입니다. 자녀와 대화를 나눌 때도 '무조건'보다는 '의미'를 전달할 때 서로를 이해하기가 훨씬 쉬워지죠.

공감톡

자기 안의 사랑을 확인하는 시간을 가져보면 좋겠습니다.

지금 이 순간, 그리고 혼자 있을 때, 생각날 때마다
자신이 들을 수 있도록 소리 내어 말해볼까요?

○ 나는 엄마이기 이전에 소중한 나입니다.

○ 나는 아무 조건 없이 나를 사랑합니다.

○ 나는 내 아이를 있는 그대로 사랑합니다.

○ 나는 내 주변의 사람들을 너그럽게 사랑합니다.

○ 내가 세상에 태어난 그 순간부터 내 안에 사랑하는 힘이 있습니다.

사랑의 회복

나는 이제 압니다.

내가 때로 내 사랑의 의도대로 행동하지 못했다 해도
내 안에 사랑이 없었던 것이 아님을 나는 압니다.
내가 때로 마음이 다쳐 주변을 보지 못했다 해도
타인을 사랑하고 싶은 마음조차 없었던 것은 아니었음을.

아이의 손을 잡고 걸을 때
내 손의 모든 촉각을 세워서 아이를 느끼고
아이가 눈을 통해 말하는 모든 것에 주의를 기울여
내 필요가 아닌 상대의 필요에 내 마음을 온전히 내주는
그런 사랑과 기여의 마음을 품고 있는 나라는 사실을
누가 말해주지 않아도 나는 압니다.

내가 아는 이 진실이
때로 내 아픔과 고통 때문에 가려지더라도
내 안에 이미 자리한 사랑의 힘을 믿습니다.
내가 할 일은
없는 무언가를 마음속에 만들어내는 것이 아니라
때로 상실하는 사랑을 회복하는 일임을 이제는 압니다.

나는 나란 존재가 무척 아름다우며
내가 얼마나 소중한 존재인지도 이제 압니다.
아름답고 소중한 나에게로 온 나의 아이를
이제는 소중하고 아름답게 품을 수 있음도 압니다.

나는 엄마로서가 아니라
나라는 한 사람으로서
사랑할 수 있고 사랑받을 수 있는 충분한 존재임을
이제는 잊지 않고 기억할 겁니다.

02
지금 무엇이
가장 힘든가요?

대화를 가로막는 자동적인 생각, 패턴

아이를 움직이게 만드는 가장 즉각적이고 쉬운 방법은 아이를 두렵게 만드는 것입니다. 우리 사회에는 아이의 이런 두려움을 활용하는 부모가 정말 많습니다. 그 부모들이 나쁜 사람이라서 그럴까요? 그렇지는 않을 겁니다.

우리는 왜 아이를 사랑하면서도 누구보다 큰 상처를 주는 걸까요? 아이뿐만이 아니지요. 사랑하는 친구, 가족, 동료들과 대화할때 자꾸 다투고 갈등이 심해지는 이유는 무엇일까요? 대화를 할수록 갈등이 점점 더 심해져 서로 미워하고 상대의 말이 찝찝하게 머릿속을 맴도는 것은 왜일까요?

사람들이 쉽게 갈등에 휩싸이고 그 속에서 허덕이는 이유 중 하나는 '자동적으로 툭 떠오르는 자기만의 생각' 때문입니다. 저도 이 사실을 깨닫기까지 참 오래 걸렸는데, 우리는 끊임없이 상대와 이야기를 나누지만 사실 우리가 하는 말 대부분은 생각 없이 하는 말입니다. 생각에 의해서가 아닌 자동적으로 떠오르는 생각을 그대로 뱉는 것이죠.

자동적으로 떠오르는 생각이
때로 우리의 관계를 망친다

직장에 다니는 은아 엄마는 여섯 살 딸을 근처에 사는 친정엄마에게 맡기고 있습니다. 친정엄마는 아침에 딸의 집으로 와서 딸의 출근 준비부터 손녀 은아의 아침 식사와 유치원 등원, 살림, 저녁 식사까지 챙겨줍니다. 은아 엄마는 그런 친정엄마에게 늘 고마운 마음을 갖고 있습니다.

그런데 얼마 전부터 은아가 주말에 엄마, 아빠랑 지낼 때면 밥 먹을 때 텔레비전을 틀어달라고 했다 합니다. 텔레비전을 틀어주면 거기에 온통 정신을 빼앗겨 결국 엄마가 밥을 입에 떠 넣어주는 상황이 되고, 그래서 텔레비전을 끄면 아이는 신경질을 내면서 울고……. 이런 상황이 반복되자 은아 엄마는 주말이면 늘 아이와 다투고 신경이 곤두서게 되었죠.

유난히 힘들었던 어느 날, 지칠 대로 지친 몸을 이끌고 퇴근했는데 마침 은아가 저녁을 먹고 있었습니다. 그런데 부엌 식탁이 아닌 거실에 작은 상을 펴놓고 은아는 텔레비전을 보고 있고 할머니는 은아에게 밥을 떠먹이고 있었습니다.

은아 엄마는 이 모습을 보자마자 화를 내며 마구 쏘아붙였습니다.

"엄마! 왜 자꾸 애 밥 먹을 때 텔레비전을 틀어주는 거야! 식탁에 앉아서 제대로 먹는 식습관을 들여야지. 엄마가 애한테 이렇게 하면 나만 힘든 거 몰라? 엄마 때문에 애가 밥 먹는 습관이 엉망이 됐단 말이야. 이게 나를 도와주는 거야?"

은아 엄마는 소리를 지르고 방으로 들어가 눈물을 터뜨렸습니다.

은아 엄마는 나쁜 딸이고 부족한 엄마일까요? 그렇지 않습니다. 다만 이것 한 가지는 알면 좋겠습니다. 은아 엄마는 대화를 할 때 자신이 어떤 말을 할지 준비하지 않고 그 순간 떠오르는 대로 말해버렸다는 것입니다.

은아 엄마는 집에 오자마자 딸이 할머니랑 거실에 앉아서 텔레비전을 틀어놓고 밥을 먹는 모습을 보았습니다. 할머니는 은아에게 밥을 먹여주고 있었죠. 그 모습을 본 순간 은아 엄마의 머릿속에는 자동적인 생각이 떠올랐습니다.

'또 저래. 은아는 잘못된 식습관을 배웠어. 엄마가 애한테 잘못 가르쳤어. 바로잡아야 해.'

이런 자동적인 생각은 우리를 무의식적으로 말하고 행동하게 합니다. 때로는 소리를 지르게 하고, 때로는 때리게 하고, 때로는 울게 만들고, 때로는 우울하게 만듭니다. 우리는 대화를 할 때 깊이 고민하거나 무슨 말을 할지 선택해서 하지 못합니다. 그저 떠오르는 생각을 바탕으로 '그 순간 해야 한다고 믿는 대로' 말할 뿐입니다.

　동일한 상황에서는 자동적인 생각도 모두 같을까요?

　그렇지 않습니다. 은아 엄마가 그 광경을 보자마자 '아, 다행이다. 은아가 저녁을 안 먹었음 어쩌나 했는데.'라고 생각했다면 "우리 은아, 밥을 맛있게 먹고 있네? 할머니가 계시니까 너무 좋다. 엄마 수고하셨어요."라고 말했을 것이고, '너무 배고프다. 나도 뭔가 먹었으면 좋겠다.'라고 생각하며 집에 들어갔다면 애가 텔레비전을 보든지 말든지 "엄마, 나도 밥 줘. 배고파."라고 말하며 아이 옆에 앉아서 밥을 먹었을지 모릅니다.

　이렇게 순간적으로 떠오르는 자동적인 생각은 사람마다 다르고 상황마다 달라서 예측이 쉽지 않습니다. 그래서 엄마가 아이 앞에서 자기가 할 행동이나 말을 정돈하지 않고 떠오르는 대로, 기분대로 한다면 아이가 혼란스러울 수 있습니다.

자동적으로 떠오르는 생각이
'옳다'고 믿을 때

대화 수업을 할 때 한 엄마가 이 사례를 듣고 나서 물었습니다.

　"저희 아이는 늘 숙제를 안 하는데, 그럴 때 저에게 떠오르는 생각은 옳은 게 아닐까요?"

　"어떤 생각이 드는데요?"

"'또 숙제를 안 했구나. 너, 혼나야겠다.'라는 생각이 들어요. 야단을 쳐서라도 고쳐줘야 하는 문제니까요."

"아이가 숙제를 안 하면 단 한 번의 예외도 없이 아이가 잘못했다는 생각이 들고 화가 나나요?"

엄마는 잠시 생각하다가 말했습니다.

"아니, 그렇지는 않네요. 제 기분이 좋을 때는 화가 나지 않아요."

"그럴 때는 어떤 생각이 떠올랐나요?"

"'숙제를 하기 싫을 때도 있지.', '숙제를 못 한 이유가 있었나?'라는 생각을 했어요. 저도 어릴 때 그런 적이 많았거든요."

맞습니다. 우리는 대화할 때 머릿속에 툭 떠오르는 생각을 진실이라고 믿습니다. 그러고는 '숙제를 안 하는 건 잘못이야. 고쳐야 돼.'처럼 자동적인 생각을 진실이라고 믿고, 상대가 잘못했으니 고쳐야 한다고 생각합니다. 이렇게 생각하면 상대와 단절되는 대화 패턴으로 빨려 들어가게 되죠. 이것은 상대가 누구든 동일하게 나타날 수밖에 없는 현상입니다.

관계가 단절되는 비극적인 대화 패턴

외출했다 돌아온 엄마가 아이 방에 들어가 숙제를 봅니다. 엄마가 풀라고 정해준 문제집이 아무 흔적 없이 깨끗한 것을 본 엄마는 '또 안 했어. 한두 번도 아니고 이 녀석 정말 안 되겠네.', '이대로 두면 안 돼. 따끔하게 야단을 쳐서라도 나쁜 습관을 고쳐야 돼.'라고 생각합니다.

이 모두가 자동적으로 떠오르는 생각입니다.

이렇게 '자신은 옳고 상대는 잘못했다.'고 생각하면 어떤 대화가 이루어질까요?

엄마 "너 또 숙제 안 했지? 어떻게 매번 이러니? 제때 한 적이 없어!" - 판단

아이 "하려고 했어, 지금."

엄마 "뻔히 아는데 엄마를 속이려고 해? 한심하다. 커서 뭐가 되겠니?" - 비난

아이 "……."

엄마 "뭐 해! 지금 당장 들어가서 숙제하고 나와. 안 하기만 해, 친구들이랑 노는 거 취소야." - 강요, 협박

아이 "알았어!"

엄마 "아니, 어디서 소리를 질러? 뭘 잘했다고? 너, 엄마가 이런 말까지는 안 하려고 했는데, 준이는 수학 올백이라더라. 넌 잘하는 게 뭐야." - 비교

아이 "왜 비교해! 나도 준이보다 잘하는 거 많아."

엄마 "뭔데? 말해봐. 학생이 공부 열심히 하고 엄마 말 잘 듣고, 그건 기본 아니니? 당연히 해야 할 일이잖아." - 당연시, 의무화

아이 "알았어. 지금 하면 되잖아."

엄마 "네가 숙제만 미리 했어봐. 지금 이렇게 엄마랑 불편할 일이 뭐가 있어. 엄마 화 좀 나게 하지 마. 엄마도 너 야단치고 싶지 않아. 진짜로." - 합리화

자동적인 생각의 종류 :

판단 / 비난 / 강요, 협박 / 비교 / 당연시, 의무화 / 합리화

사람들과 관계를 잘 맺기 위해 대화를 하는데, 대화를 하다 보면 오히려 관계가 단절되고, 그 결과 때로는 외롭고 화나고 억울해집니다. 상대에 대해 판단하고, 비난하고, 강요하고, 비교하고, 어떤 행위에 대해 당연시하고 자신의 말을 합리화하면서 대화를 진행하는 이유는 대화에 앞서 머릿속에 떠오르는 자동적인 생각 때문입니다.

우리는 지금까지 대화에 대해 잘못 배워왔습니다. 원하는 것을 말하지 못하고 서로 비난하는 방식으로 대화하는 모습을 많이 보아왔죠. 어렸을 때부터 더 고립되고 상처를 남기는 방식으로 나누는 대화를 너무 많이 들어 커서도 그 방식을 내려놓지 못하고 사랑하는 아이에게, 상대에게 그렇게 말을 하고 맙니다.

관계를 회복하는 대화법

하지만 사랑을 회복할 수 있는 말하기도 분명히 있습니다. 많은 시간과 노력이 필요하겠지만 다르게 대화하는 방법을 배워가는 것은 고통 이상으로 행복합니다. 관계를 회복하는 대화를 시작하기 위한 1단계는 걱정되고 불안하고 조급한 마음을 내려놓고 내 마음을 인정하고 알아차리는 것입니다. '아, 내가 저렇게 대화하며 살아왔

구나. 그래서 때로 내가 아팠고 상대가 아팠고, 서로 상처받고 있었구나.' 이 생각 정도면 충분합니다. 그리고 어쩌면 지금 후회하고 누군가에게 미안해할지 모를 자신의 마음을 먼저 위로해보세요.

자신의 생각이 자동적으로 떠오르는 생각일 뿐 진실이 아님을 스스로에게 말할 수 있게 되었다면 찬찬히 관계 개선을 위한 대화를 시작해봅니다. 마샬 B. 로젠버그 박사가 제안한 비폭력 대화를 적용해볼 수 있을 것 같습니다. 상대와의 관계를 개선할 수 있는 평화로운 대화를 하기 위해서는 먼저 구체적인 행동의 관찰이 이루어져야 하고, → 관찰에 대한 느낌을 정확하게 표현할 수 있어야 합니다. → 그 느낌을 가져오는 욕구를 파악한 다음 → 자신의 요구를 상대에게 요청(부탁)하는 연습을 하면 됩니다.

처음의 예로 돌아가 은아 엄마의 경우, 은아가 잘못된 식습관을 배운 건 친정엄마 탓이라 생각하는 것은 자동적으로 떠오른 생각입니다. 그것이 자동적인 생각일 뿐이라는 것을 깨달았다면 개선책에 대해 생각하고 친정엄마와의 관계를 개선할 수 있는 대화를 진행할 수 있습니다. 예를 들어 이런 방식이 가능할 것 같습니다.

친정엄마가 텔레비전을 틀어놓고 은아에게 밥을 떠먹이는 것을 봤다. - 관찰

그 모습을 보니 아이의 식습관이 망가질까 봐 걱정스런 마음이 든다. - 느낌

엄마가 아이에게 밥을 먹일 때는 식탁에서 먹여 그 습관을 유지하면 좋겠다. - 욕구

엄마에게 이런 마음과 욕구를 말하고 밥을 빨리 먹은 다음 보고 싶은 프로그램을 볼 수 있도록 유도하면 좋겠다는 부탁을 한다. 혹 처음에 식탁에 앉기를 거부한다

면 텔레비전은 밥 먹고 보는 대신 밥을 먹을 때 가장 아끼는 장난감 하나는 갖고 앉아도 좋다는 제안을 하는 등의 선택지를 부여한다. - 부탁

이런 대화와 관련해서는 이후 '관계에 도움이 되는 속대화'에서 단계별로 연습해보겠습니다. 물론 처음부터 이런 대화가 가능하진 않습니다. 반대로 처음 몇 번은 잘되다가 안 될 때도 있습니다. 그러나 자동적인 생각과 관계가 단절되는 대화 패턴을 인지하고 그것을 개선하기 위해 노력할 마음만 있으면 나아질 수 있습니다. 괜찮습니다, 앞으로 천천히, 같이 배워가도록 해요.

공감톡

매일의 일상에서 툭 떠오르는 자동적인 생각을 알아차려 보세요.
그 생각에 다음의 이름을 붙여보세요.

판단 / 비난 / 강요 / 협박 / 비교 / 당연시 / 의무화 / 합리화

○ 그것은 자동적으로 떠오른 생각일 뿐 진실이 아님을 스스로에게 말해주세요.

03
자신에 대해
얼마나 알고 있나요?

조해리의 창

서로가 행복한 관계를 맺기 위해, 아이들과 건강한 관계를 맺는 엄마가 되기 위해, 친구들과 즐거운 관계를 맺고 소중한 사람들과의 관계를 잘 이어가기 위해 중요한 건 무엇일까요?

조세프와 해링턴이라는 두 심리학자는 '조해리의 창'에서 인간관계를 4가지 영역으로 나누고 그것을 잘 이해하고 활용할 때 다른 사람과 좋은 관계를 맺을 수 있다고 했습니다. 4가지 영역은 다음과 같습니다.

1. **나도 알고 상대도 아는 내 모습** - 열려 있는 창
2. **나는 모르지만 상대는 아는 내 모습** - 보이지 않는 창
3. **나는 알지만 상대는 모르는 내 모습** - 숨겨진 창

4. 나도 모르고 상대도 모르는 내 모습 - 미지의 창

조해리의 창

	자신은 안다	자신은 모른다
타인은 안다	열려 있는 창 open	보이지 않는 창 blind
타인은 모른다	숨겨진 창 hidden	미지의 창 unknown

내가 아는 내 모습
상대가 아는 내 모습, 서로를 이해하기 — Open area

조해리의 창 첫 번째는 나와 상대가 모두 아는 내 모습으로, '열려 있는 창, 즉 오픈 영역(Open)'이라고 합니다. 두 심리학자는 인간이 오픈 영역을 넓혀갈 때 서로가 행복한 인간관계를 맺을 수 있다고 했습니다.

그룹으로 대화 훈련을 진행하다 보면 처음에는 서로 서먹해하고 눈도 잘 마주치지 않습니다. 그러다 자기소개를 하며 같은 엄마라는 사실을 알고 자녀의 나이가 비슷하면 금방 친해지곤 하지요. 쉬는 시간이 되면 서로 아는 정보 내에서 더 깊은 이야기를 나누고, 다음 교육에서 다시 만날 때는 서로 필요한 물건을 교환하기도 합니다. 서로 아는 만큼 친해지고, 싫어하는 행동은 조심합니다.

이렇게 서로에 대해 알아가는 과정을 통해 무엇을 좋아하고 싫어하는지 알수록 갈등을 예방할 수 있습니다. 그리고 갈등이 생겨도 해결하기가 수월합니다. 그런데 서로에 대해 알아가는 과정에는 때로 고통이 따르기도 합니다. 기업에서 강의를 할 때 한 남성이 이런 이야기를 했습니다.

어느 더운 여름 날 오후, 아내에게서 전화가 왔어요. 집에 오는 길에 아이스크림을 사오라고 해서 퇴근길에 집 앞 슈퍼에 갔습니다. 빠삐코랑 뽕따가 있어 한 바구니 사서 집으로 가져갔지요.

아내에게 아이스크림이 든 봉지를 건넨 뒤 옷을 갈아입고 거실로 나와 보니 아내가 식탁 위에 아이스크림을 다 쏟아놓고 째려보고 있는 거예요. 그래서 아내에게 "왜 안 먹어?"라고 물어봤어요.

"내가 아이스크림 사오랬잖아. 이게 아이스크림이야, 쭈쭈바지?"

그제야 아내의 뜻을 알아차리고는 "미안해. 다시 사다줄까?"라고 물어봤더니 아내가 "그게 문제가 아니야. 내가 쭈쭈바 안 먹는 걸 어떻게 모를 수가 있어? 우리가 11년을 같이 살았는데 어떻게 몰라 그걸? 당신, 나에 대해 아는 게 이렇게 없었어?"라며 화를 내더군요.

아내에게 재차 미안하다고 말하던 중 갑자기 어떤 생각이 떠올라 그 얘기를 하고 위기(?)를 넘겼습니다.

"여보, 지난번 내 생일날 당신이 가지볶음 해줬잖아. 나, 가지 안 먹어. 절대 안 먹어. 당신도 내가 가지 안 먹는 거 몰랐잖아."

아내가 깜짝 놀라면서 "자기, 가지 안 먹어?"라고 말해 둘 다 웃고 말았지요.

서로에 대해 알아가는 과정에는 이렇듯 때로는 다툼도 있고 분쟁도 생깁니다. 사례 속의 남성은 앞으로 아내가 안 먹는 아이스크림은 사지 않겠지요. 서로에 대해 아는 만큼 갈등을 예방할 수 있는 이유입니다.

직접 낳았거나 가슴으로 낳아서 기르는 자녀도 마찬가지입니다. 사람들은 저마다 다른 기질을 타고나기 때문에 자녀가 자신과 같다고 생각하면 많은 갈등을 초래하게 됩니다. 그러므로 대화를 통해, 경험을 통해 서로를 알아가야 합니다. 서로에 대해 아는 만큼 잘 지낼 수 있으니까요.

나는 모르지만 상대는 나에 대해 아는, 불편한 부분 — Blind area

언젠가 아들이 저와 불편한 이야기를 하다가 "엄마는 결국 엄마 고집대로 하잖아요."라고 말해 굉장히 억울했던 기억이 납니다. 속으로는 '너의 그 말도 안 되는 주장을 이해해주는 사람이 어딨어?'라고 항변하고 있었기 때문에 억울함이 더 컸던 것 같습니다. 한번은 가장 친한 친구가 저에게 "넌 이야기는 웃으면서 하는데 네가 옳다고 생각하면 절대 안 굽히는 것 같아."라는 말을 했습니다.

자신은 인정하고 싶지 않은데 남들에게는 보이는 모습이 여러분에게도 있나요?

저는 가장 신뢰하고 가까운 사람들에게 그런 말을 여러 차례 들으면서 제가 그럴 수도 있겠다는 생각을 처음 해봤습니다. 그러고 보니 가장 가깝고 사랑하는 사람들과의 관계에서 제가 그렇게 행동한 기억들이 떠오르기도 해서 부끄러운 마음이 들었습니다.

사람은 누구나 자신에 대한 이야기를 잘 들어볼 필요가 있는데, 이 과정이 사실 참 힘이 듭니다. 그것이 자신을 위한 말이 아니라 자신을 평가하고 비난하는 말로 들려 저항감이 올라오고 괴롭기 때문입니다. 남은 이미 나를 꿰뚫어보는데 정작 자신은 자기 모습을 모르는 경우를 '보이지 않는 창(Blind)'이라고 합니다.

당신은 눈을 감고 있고 주변 사람들은 그런 당신을 바라보고 있다고 생각해보세요. 당신은 보지 못하지만 상대는 당신을 다 관찰하고 있습니다. 불편할 수밖에 없겠지요. 우리는 자신에 대해 다 알고 있는 것처럼 행동하고 말하지만, 겸손하게 아이들이 우리를 평가하는 말이나 조언을 귀담아들을 필요가 있습니다. 그게 오픈 영역을 확장해 관계를 건강하게 만들어가는 방법이기도 합니다.

나는 알지만 남은 모르는, 나의 숨겨진 부분 — Hidden area

처음 만난 두 남녀가 있었습니다. 서로에 대한 최소한의 정보, 학교, 직장, 사는 곳 정도는 알고 만났지만 그 외에는 어떤 정보도 몰랐습니다. 어떤 만남의 자리에서 두 사람은 많은 대화를 합니다.

"저는 한식을 좋아해요. 어려서부터 미국에 살았는데 엄마가 미국에 오실 때마다 맛있는 김치랑 설렁탕을 해주셨어요. 그게 그렇게 맛있더라고요. 그 후로 한국에 오면 늘 설렁탕과 김치를 먹었어요. 지금도 참 좋아하고요."

"그렇군요. 저는 미국에 가본 적이 없어요. 영화를 보면 뉴욕이 나와 꼭 가보고 싶었어요. 센트럴 파크도 걸어보고 싶었고요. 궁금해요, 미국이."

"그럼 언제 미국에 오시면 제게 연락하세요. 제가 구경시켜 드릴게요."

이제 두 사람은 서로에 대해 조금 더 알았습니다. 어떻게 알았을까요? 서로 자신에 대해 말을 했기 때문이지요. 인간의 모습 중 세 번째 영역은 나는 알고 있지만 상대는 모르는 나에 대한 부분, '숨겨진 창(Hidden)'입니다. 가까운 사이라도 말하지 않으면 서로에 대해 가끔 놀랄 만큼 낯선 기분을 느끼기도 하지요. 그것이 자녀라도 마찬가지입니다. 우리는 종종 자신에 대해 말하지 않으면서 상대가 알아주기를 바라고, 알아주어야 한다고 믿기도 합니다. 그래서 몰라주면 다투고 삐치고 관계를 끊기도 하지요.

저도 과거에 소중히 여기던 사람들을 제 나름대로 재단해 관계를 끊은 적이 있습니다. 돌이켜보면 누군가에게 제 자신에 대해 말한다는 것이 부끄럽고 두렵고 불안했던 것 같습니다. 워낙 취약한 어린 시절을 보낸 터라 '내가 이런 말을 하면 저 사람이 날 우습게 여기진 않을까?'라는 생각이 들어 제 자신에 대해 말하는 것이 편치 않았지요. 그러나 반추해보면 마음 한구석에는 저에 대해 말하고 싶고 이해시키고 싶은 욕구가 늘 자리했습니다. 이후 대화 훈련을 진행하면서 많은 경우(사실 거의 대부분의 경우) 사람들은 자신에 대해 누군가에게 고백하기를 원한다는 사실을 깨달았습니다. 두렵고 불안하고 걱정스러운 마음만 없다면 그렇게 하고 싶어 하는 것을 많이 보아왔습니다.

나도 모르고 남도 모르는, 미지의 부분 ─ Unknown area

사람은 누구나 무의식 저편에 저장해둔 모습을 갖고 사는 것 같습니다. 나도 모르고 남도 모르는 '미지의 창(Unknown)', 조해리의 창에서 다루는 이 부분은 어쩌면 인간의 영역 너머에 존재하는지도 모르겠습니다. 사람 사이의 관계에서 이런 부분까지는 건드리지 않더라도 나머지 세 영역은 의식하며 노력하면 충분히 확장할 수 있을 것입니다. 하지만 누구에게나 자신도 모르는 모습이 존재한다는 걸 인정하는 것만으로도 겸손해질 수 있다는 생각이 듭니다.

우리는 자신에 대해 얼마나 알까요? 아는 만큼 진실하게 바라보며 받아들이고 있을까요? 또 자신에 대해 상대에게 충분히 설명하며 이해시키고 있을까요? 서로를 아는 오픈 영역으로 가기 위해서는 얼마나 많은 대화가 필요하고, 그 대화 과정에서 얼마나 많은 용기를 내고 기술을 배워야 할까요?

저는 종종 생각해봅니다. 우리가 솔직하게 자신을 열어놓고 같이 나누며 배워간다면 그것이 정말로 가능한 일이라고 말입니다. 그리고 엄마라면 그런 과정을 밟을 필요가 있다고 생각합니다.

저와 함께 맘스라디오 〈박재연의 공감톡〉을 진행했던 김태은 대표는 이런 말을 했습니다. 조해리의 창을 점점 넓혀가는 것이 마치 대화 올림픽 같다고요. 연습과 훈련을 통해 터널을 하나씩 통과하고, 창이라는 허들을 넘어 공감하고 수용하는 올림픽 말이지요. 혼자라면 힘들겠지만 우리가 함께하면 가능할 것 같습니다.

공감톡

지금 자신이 가장 알고 싶은 한 사람,
사랑하는 한 사람을 떠올려보세요.
우리의 관계를 Open area로 넓히는 연습을 해볼까요.

○ 당신이 무엇을 좋아하는지 그 사람이 알고 있나요? – 나의 Hidden area

○ 그 사람이 무엇을 좋아하는지 당신은 알고 있나요? – 상대의 Hidden area

○ 서로 싫어하는 것을 하지 않기 위해 서로 어떤 노력을 하나요? – 서로의 Hidden area

○ 그 사람이 당신에 대해 하는 말을 이해하며 들어보나요? – 나의 Blind area

○ 자신에 대해서 그 사람에게 솔직히 표현하며 지내나요? – 나의 Hidden area

소중한 친구와 차 한잔하면서
이 5가지 질문에 대한 의견을 나누어보면 어떨까요?
아마 서로를 좀 더 이해할 수 있는 관계가 될 것입니다.

04
부모님으로부터 받은 상처로
아파한 적이 있나요?

부모로부터 받은 상처에서 자유로워지기

강연이나 상담을 하다 보면 직업과 특성이 다양한 사람들을 만납니다. 직장인부터 목사, 의사, 판사, 학생, 교수 등 헤아리기 힘들 정도지요. 모두 다른 사람들이지만 대화 훈련에 참여하는 사람들은 결국 자신의 과거와 마주하게 됩니다. 그런데 의외로 많은 사람이 부모로부터 받은 상처를 가슴 깊은 곳에 묻어둔 채 거기에서 헤어나지 못하고 살아갑니다. 사람은 모두 개인의 역사와 뿌리를 갖고 있습니다. 그런데 그 역사와 뿌리를 이해하거나 직시하지 못한 채 어른이 되고, 그런 어른이 부모가 되면 혼란스러워집니다. 부모로서 후회할 일도 하게 되죠.

숨긴다고 해서
극복할 수 있는 것은 없다

누군가의 내면을 어루만지는 일을 하다 보니 아동 학대를 직·간접적으로 경험하는 경우가 많습니다. 그런 모습을 보는 것이 제게는 큰 고통이자 책임으로 다가옵니다. 행복하게 성장한 사람으로 포장하고 있지만 어릴 때 학대받은 경험이 있는 엄마들은 이 글을 꼭 읽어보면 좋겠습니다.

방송이나 강연에서 여러 번 얘기했듯이 저는 어릴 때 부모님이 이혼하신 후 많이 맞고 자랐습니다. 아버지가 살아 계시는데도 이 이야기를 하는 까닭은 그것이 앞으로 제가 가야 할 길의 이유이기 때문입니다.

제가 초등학생일 때 아버지는 저를 많이 때렸습니다. 특별한 이유도 없고 제가 납득할 수도 없는 상태였습니다. 어느 날은 아버지에게 한참을 맞다가 도망쳐 공중전화로 어머니에게 전화를 걸었는데, 어머니는 어린 저에게 오지 못하고 그냥 집으로 들어가라고 말하며 전화를 끊었습니다. 그때 집으로 다시 들어가야 했던 제 발걸음은 분노와 좌절의 결정체였습니다. 그것은 제가 세상에 믿을 사람은 하나도 없다는 왜곡된 신념을 가진 채 성장한 이유가 되었습니다.

부모의 이혼과 엄마의 부재로 불안했던 저는 자다가 이불에 오줌을 누기도 했습니다. 하지만 그것이 맞아야 할 이유가 되지는 못합니다. 더 정확하게는, 어떤 상황이라도 아이가 맞아야 할 이유는 존재하지 않습니다. 그런데 제 아버지는 불안해하는 아이를 위로하기는커녕 오히려 때렸습니다. 재혼 후에도 다르지 않았습니다. 새어머니는 그런 일이 있을 때 지켜보기만 했고 때로는 폭력을 종용하기도 했습니다.

두 분이 이 글을 본다면 가슴이 아프고 어쩌면 부인하고 싶을지도 모르지만 불행히도 두 분은 분명히 아동 학대의 가해자였습니다. 어린 시절의 경험은 수십 년 동안 상처와 괴로움으로 남아 저를 괴롭혔습니다. 저는 지금 제 부모님을 비난하기 위해 이 글을 쓰는 것이 아닙니다. 오히려 그 반대입니다. 왜냐하면 제가 그 아픔을 부인하거나 숨기려 했을 때는 마음속으로 부모님을 무척 증오했기 때문입니다. 저는 고백의 힘을 믿습니다. 고백이 갖고 오는 회복의 힘을 믿습니다. 부모로부터 받은 아픔을 고백할 때 그 과정 끝에서 부모의 당시 상황과 마음을 이해할 수 있다는 것을 알고 있습니다.

사람들을 상담하면서 많은 사람이 어린 시절에 겪은 고통을 숨기려 하는 모습을 보았습니다. 그것을 들추어보는 자체를 두려워합니다. 두렵기 때문에 더 강한 척하기도 하고 나약해지기도 합니다. 그 마음이 무척 불편하다는 것을 알기에 저는 절대로 상처를 들여다보라고 재촉하거나 먼저 들추려 하지 않습니다. 하지만 가끔, 먼저 자신의 아픔을 고백하려는 분에게는 조심스럽게 물어봅니다.

"마음 아팠던 그 일을 생각하면 지금도 힘드신가요?"

그 아픔은 다시 회고해볼 가치가 충분합니다.

진짜 고통은 고통스러운 기억을 고스란히
간직한 채 부모가 된다는 사실이다

어린 시절의 상처를 덮은 채 남들에게 거짓말을 하고 겉으로는 부모님을 사랑하는 척하며 어른이 된 저는 가장 소중한 제 아들에게 너무나 많은 실수를 했습니다. 감정을 주체할 수 없어 아이에게 일관되지 않은 말과 행동을 보였지요. 그런 모순은 정서적 안정이 필요한 어린아이가 받아들이기엔 힘든 일이었을 것입니다.

'쟤는 좀 맞아야 말을 들어.'

이런 합리화는 어디에서 오는 것일까요? 어쩌면 자신을 때린 부모에 대해 '부모님은 그럴 만했고 나는 맞을 만했다.'고 생각하며 상처를 덮어버리는 습관이 들었을지도 모릅니다. 그리고 그것이 부모가 되었을 때 아이에게 '쟤는 맞을 짓을 했어.'라고 생각하는 뿌리가 됩니다.

부모라면 내가 부모로서 아이에게 평화로운 언행을 연습하는지, 폭력적인 언행을 연습하는지 생각해볼 필요가 있습니다. 놀랍게도 아이를 학대하는 부모는 자신의 행동을 학대라고 인정하지 않습니다. 누구도 죄책감을 느끼고 싶어 하지 않기 때문이지요.

한번 때리기 시작하면 그다음엔 두 번 세 번 때려야 말을 듣는다고 생각합니다. 그래서 폭력은 중독입니다. 한번 때리면 다음에는 더 때리고, 처음에는 살짝 때리다가 나중에는 세게 때리는 데 익숙해지는 중독 말이지요. 때리는 사람도 맞는 사람도 폭력에 익숙해지는 겁니다. 그래서 어떻게든 폭력을 끊는 게 중요합니다.

폭력을 끊으려면 자신이 학대당했음을, 폭력에 고통받았음을 인정하고, 그것이 부당한 대우였음을 고백할 필요가 있습니다. 우리는 그렇게 맞을 이유가 없었습니다. 자라면서 상처받은 경험이 있다면, 감당할 수 없는 폭력에 놓인 적이 있다면 그 슬픔을 꺼내 애도할 필요가 있습니다.

몇 해 전 입양원에서 1년은 직원, 1년은 입양 부모를 대상으로 봉사 교육을 했습니다. 어느 해 겨울, 입양원에서 주최한 음악 행사에서 어린아이들이 합창을 하는데 갑자기 슬픔이 차올라 막 울었습니다. 눈에 보이는 아이들은 모두 곱게 차려입고 아름다운 목소리를 들려주는데, 제 가슴속에서는 허름한 차림의 한 아이가 무대에 서 있는 것만 같았습니다. 그 아이는 어린 시절의 제 자신이었습니다.

'내 안에 아직도 애도할 것이 있구나.'라고 생각하며 그 아이를 마음속으로 불러보았습니다. '괜찮아. 이리 와봐.' 지금은 건강한 어른이 되었으니 어린 시절의 저를 위로하고 안아주었습니다. 지금은 어릴 때 받고 싶었던 방식의 사랑을 '자라나는 어린아이'에게 돌려주려고 노력합니다. 누구나 사랑받고 싶어 하고 사랑받기 위해 태어났고 사랑받을 자격이 있습니다. 그래서 저는 지금도 어릴 때 충분치 못했던 사랑이 생각나 슬픔이 올라올 땐 그냥 웁니다.

학대를 당하면 사랑받고 싶지만 정작 자신은 사랑받을 자격이 없다고 믿기 쉽습니다. 그것이야말로 비극이지요. 부모를 선택할 수는 없었지만 누구나 충분히 사랑스러운 존재로 이 땅에 왔다는 것을 우리 자신과 아이들이 알았으면 좋겠습니다. 어떤 학대도 자신 때문이 아니라 부모님, 때론 선생님, 때론 보호자가 자신의 행동과 마음을 표현하는 능력이 없어서였다는 것을 학대받은 경험이 있는 모든 엄마, 아빠, 어른이 꼭 알았으면 좋겠습니다.

아이를 성장시키는 건 폭력이 아니라 사랑이다

"내 아이가 어떻게 성장했으면 좋겠습니까?"라고 물어보면, 대부분의 부모가 사랑이 많고 남을 도울 줄 알고 리더십이 있는 아이로 자라길 바란다고 말합니다.

이런 아이로 자라기 위한 자양분은 누군가로부터 받은 절대적 사랑입니다. 아이들은 사랑이든 폭력이든 여과 없이 받아들이고 배우기 때문에 사랑을 흡수할 수 있도록 해줘야 합니다. 그러기 위해서는 부모가 자신도 모르게 아이들을 말로, 행동으로 학대했을 수 있다는 것을 솔직하게 인정해야 합니다. 폭력의 강도만 다를 뿐 한때 자신을 고통스럽게 했던 어른들의 폭력성과 다르지 않다는 것을 솔직하게 인정해야 합니다. 아동을 학대하는 80%가 친부모라는 게 현실입니다. 스스로 아이에게 행하는 폭력성을 인정할 때 폭력성이 줄어들고 마침내 끊어낼 수 있습니다. '나는 저 정도는 아니야.'라고 합리화하면 새로운 방식을 찾기 힘듭니다.

부모를 선택할 수는 없었지만
누구나 충분히 사랑스러운 존재로
이 땅에 왔다는 것을 우리 자신과 아이들이
알았으면 좋겠습니다.

아이들은 부모와의 관계에서 많은 것을 배웁니다. 세상과 관계를 맺는 방식이나 친구들과의 관계에 대해 배우고 성장해가지요. 이 과정에 엄마, 아빠가 모두 있어야 하는 건 아닙니다. 부모가 있는 가정이든 이혼 가정, 미혼모 가정, 조부모 가정이든 아이를 키우는 '좋은 환경'에는 숫자로 드러나는 정답이 없다고 생각합니다. 다만 아이가 보호자와의 관계에서 '이런 게 사랑이구나.'라고 느끼고 경험할 수 있어야 합니다. 사랑을 주어야 한다는 정답을 알면서도 외면하지 않길 바랍니다.

폭력은 결코 사랑의 수단이 될 수 없습니다. 아이들의 가슴에 꽃이 아닌 독버섯이 자라게 하기 때문입니다. 마음에 독버섯이 피어나면 교우 관계와 미래에 나쁜 영향을 줄 수 있습니다. 어린 시절에 폭력을 경험한 부모는 그것이 얼마나 무서운지를 압니다. 그때 우리는 어떤 마음으로 어른들의 말을 들었을까요. 그저 '무서워서' 어른들이 하라는 대로 했을 것입니다.

그때 느낀 두려움과 억울함을 기억해야 합니다. 자신이 어떤 부모를 바랐는지 떠올려야 합니다. 그래야 아이들을 다르게 대할 수 있고, 지나가면 다시 오지 않을 내 아이의 어린 시절을 어떻게 채워줘야 하는지 알게 됩니다. 우리는 누구보다 그런 아이의 마음을 잘 보듬어주고 다르게 대할 수 있습니다. 우리의 고통을 잊지 말아야 하는 이유입니다. 학대받은 부모가 누구보다 평화로운 부모가 될 수 있는 이유입니다.

이 책을 읽는 엄마들도 어릴 적 아팠던 기억을 회복하고 치유할 수 있기를 바랍니다. 자신에게 과거의 고통을 회복할 능력이 있다는 걸 믿는 것이 중요합니다. 그러다 보면 자신의 상처를 그저 하나의 스토리로 남길 수 있을 것입니다. 너무 늦게 사랑을 알았다고 해도 지금부터 시작하면 됩니다. 세상의 모든 엄마, 아픈 어린 시절의 기억을 간직한 채 자랐을 엄마들을 위로하고 응원합니다. 살아내기 위해 애쓰셨습니다.

공감톡

부모로부터 자신이 받고 싶었던 사랑의 방식을
떠올려보세요.

○ 그게 좌절되었을 때 자신의 마음이 어땠는지 느껴보세요.

○ 어떤 감정이든 허용하는 마음으로 위로해주세요.

○ 자신이 받고 싶었던 사랑의 행위를 스스로에게 오늘 꼭 하나라도 해주세요.

화내지 않는 엄마가
되고 싶나요?

화 안에 있는 다른 감정 깨닫기

　엄마로 살다 보면 가끔 내 안에 이런 형편없는 모습이 있었나, 나에게 이런 용기가 있었나, 내가 이런 사람이었나 하는 놀라움을 느낍니다. 이런 놀라움과 함께 느끼는 여러 가지 감정은 아이와 가까워지게도 하고 멀어지게도 합니다.

우리를 무너지게
만드는 감정, 화

　엄마인 우리를 무너지게 만드는 기억 속에는 몇 가지 감정이 있습니다. 첫 번째는 화입니다. 정말 화가 나면 '저 사람과 대화를 해봐야겠다.'라는 생각이 들어도 표현이 제대로 안 됩니다. 그러다 보니 화를 쏟아낸 후 죄책감을 느끼고, 그것은 관계가 멀어지면 어쩌나 하는 두려움과 불안, 자책과 우울로 이어지며, 그런 우울한 마음은 관계에 영향을 주고 수치심과 열등감을 느끼게 합니다.

대화 시작 ➡ 화 ➡ 죄책감 ➡ 관계가 멀어질 것에 대한 두려움과 불안 ➡ 자책, 우울 ➡ 수치심, 열등감

이런 감정 자체가 나쁜 건 아닙니다. 또 이런 감정은 없애려고 할 수록 괴로워지죠. 사람들은 이런 감정을 없애기 위해, 잊기 위해 여러 가지 시도를 합니다. 술을 마시거나 쇼핑을 하고, 드라마에 빠지기도 합니다. 끊임없이 먹는 걸로 이런 감정을 없애려는 사람도 있습니다. 이런 행동을 할 때는 이상 행위를 알아차리고 그 원인을 잘 살펴야 합니다.

화는 정말 통제할 수 없을까?

보통 사람들은 화가 나면 감정을 마구 표출합니다.

"나 정말 화났어! 너 때문에! 너 때문이라고!"

"당연히 이 정도는 네가 알아서 해야지."

"네가 그렇게 이상하게 행동하지 않았으면 내가 이러지 않아!"

자신이 누군가에게 화를 냈던 날들을 떠올려보세요. 화나게 만드는 대상은 누구였고, 어떤 상황이었나요? 그 사람과는 어떤 관계였나요? 둘 사이에 보이지 않는 힘은 누구에게 더 있었나요? 그 사람이 자신보다 힘이 없는 사람이었을 때와 힘이 있는 사람, 두려운 대상일 때 어떤 차이를 경험했나요?

저는 엄마들이 똑같은 상황인데 아이와 둘이 있을 때와 다른 사람과 함께 있을 때 다르게 행동하는 것을 자주 목격했습니다. 종종 화를 참을 수 없다는 엄마들과 대화 훈련을 해보면 모두 수긍하는 부분입니다. 사람이 많은 곳에서는 화를 잘 통제합니다. 하지만 아이와 둘이 있을 때는 통제하지 않지요. 문제는 스스로 통제할 수 없다고 생각하며 더 화를 내는 것입니다. 두려운 대상이나 목격자가 많은 상황에서는 잘 참으면서 만만한 대상과 안전한 장소에서는 굳이 참으려 하지 않습니다. 폭발하게 되죠. 그래서 가족에게 화를 내게 됩니다. 화를 다룰 때 이렇게 생각하는 거죠.

'너 때문에 화가 났어. 네가 날 미치게 하고 네가 날 무시했어.'

이런 생각들이 다른 방식으로 변화되면 말과 행동이 많이 달라질 수 있습니다.

'그래, 나 화났어. 정말 화났어. 나는 지금 화라는 감정을 가지고 있어.'

앞의 두 생각은 똑같이 화가 난 상황에 대한 감정인 것 같지만 다루는 방식에는 큰 차이가 있습니다.

첫 번째는 자신과 화라는 감정을 동일시하고 화의 원인을 상대에게 두었다면, 두 번째는 자신과 화라는 감정을 분리하고 그것을 소유의 개념으로 보았다는 것입니다. **자신이 화라는 감정을 몸 안 어딘가에 가지고 있다는 것을 정확히 보는 것이지요. 이것이 어떻게 가능한지는 다음 이야기로 설명할 수 있을 것 같습니다.**

현관에서 아이를 야단쳤어요. 늘 부주의한 아이 때문에 화가 났거든요. 아이가 또 준비물을 챙기지 않았어요. 걔가 준비물만 잘 챙겼다면 제가 화를 안 냈겠죠. 이런 일이 한두 번이 아니라서 화가 날 수밖에 없었어요. "준비물 똑바로 안 챙길 거야?" 이렇게 소리를 지르면서 아이한테 빨리 나가라며 문을 열었는데 앞집 아줌마와 눈이 딱 마주쳤어요. 그분이 인사를 하자 저도 모르게 웃으면서 인사를 건넸어요. 그러고는 아이에게 학교 잘 다녀오라고 부드럽게 말했죠. 문을 닫고 들어오면서 우리가 대화 훈련을 할 때 나눴던 말을 깨달았습니다.

맞아요. 저한테는 화를 통제할 수 있는 능력이 있어요. 단지 화를 통제하고 싶지 않았던 거예요. 그 순간 화라는 감정을 내가 충분히 다룰 수 있다고 믿는 것이 얼마나 중요한지 깨닫고 아이가 학교에서 돌아왔을 때 미안하다고 말했어요. 지나고 나면 후회하면서 또다시 그런 일을 반복하고 싶지 않은데, 아직은 자신이 없어요.

화가 알려주는
3가지 신호

화라는 감정을 통제할 수 있는지 여부는 중요하게 짚고 넘어가야 할 문제입니다.

아이를 막 야단치는 중에 선생님에게서 전화가 왔다고 가정해볼까요. 방금까지 화를 내다가 목소리를 바꿔 부드럽게 "여보세요."라고 말하며 전화를 받겠죠. 선생님이 아이를 칭찬해주려고 전화를 했다면 그 전화를 끊고 아이를 어떻게 대할까요? 또 만약 선생님이 아이에 대해 걱정하거나 불만을 표현한다면 그 전화를 끊고 아이를 어떻게 대할까요? 통화 이전과 같을까요, 아니면 달라질까요?

전화가 오기 전에는 화를 통제할 수 없다고 믿고 싶었을지 모릅니다. 그러나 아이에 대한 칭찬을 듣고 끊는다면 화가 누그러졌음을 인정할 수밖에 없을 거예요. 방금 전까지 화를 통제할 수 없을 거라 믿었지만 화를 이미 통제했고 그 감정이 변했음을 인정하게 되지요. 그러니까 누구나 생각을 바꿔 화를 다룰 수 있습니다.

'난 화를 참을 수 없어.'라고 생각하지만 사실은 참기 싫은 것입니다. 다시 말해 화는 참고 말고 할 문제가 아니라 어떻게 다루느냐의 문제입니다. 화는 사랑으로 다뤄야 합니다. 그러지 못하면 화병이 납니다. 화는 우리가 다룰 수 있는 소중한 감정이라는 걸 잊지 마세요.

1. 화의 원인을 상대방 때문이라고 믿겠다는 신호

2. 간절히 원하는 게 안 되고 있다는 신호

3. 이제 곧 후회할 말과 행동을 하겠다는 신호

이 3가지를 기억하는 게 중요합니다.

어떤 엄마가 이혼 후 화가 나서 아이에게 뜨거운 물을 부어 2도 화상을 입혔다는 뉴스를 본 적이 있습니다. 화를 아이에게 푼 거죠. 화의 원인을 다른 사람에게서 찾으려고 할수록 굉장히 폭력적으로 변하고 우울해집니다. 화를 푸는 방법을 엄마들이 꼭 알아야 하는 이유입니다. 화가 나면 자신을 잘 보살펴야 합니다. 그래야만 화를 다룰 다른 가능성에 대해 생각할 수 있으니까요.

화라는 보따리 안에 있던
다른 감정을 깨닫자

화를 잘 다룬다는 것은 어떤 것일까요? 그 방법 중 하나는 옳다고 믿는 생각에서 자유로워지는 것입니다. 우리는 자신에게 좀 너그러워질 필요가 있습니다.

'밥은 꼭 엄마가 차려줘야 해.'

'집 안은 늘 정돈되어 있어야 해.'

'싸우는 건 나쁜 거야.'

이렇게 자신에게 강요하는 게 많을수록 다른 사람에 대한 기대치도 높아질 수밖에 없습니다. 밥 한번 사 먹는다고 큰일 나는 거 아닙니다. 너무 힘들 때는 밥 한 끼 안 차려도 괜찮아요. 자신에게 먼저 너그러워져서 옳다고 믿는 것에 대해 유연해지면 아이에게도 조금 더 너그러워지고 화를 덜 내게 됩니다. 아이들은 우리가 어렸을 때 그랬던 것처럼 실수하며 크고 경험하면서 배워가는 존재이고, 그것이 아이들의 권리이기도 합니다.

옳다는 신념에서 조금만 자유로워질 수 있다면 자기 감정을 좀 더 잘 이해하고 수용할 수 있습니다.

사실 어떤 화는 화가 아니라 걱정의 다른 이름입니다. 또는 아이가 준비물을 잘 챙겨 가서 학교생활을 잘할 수 있도록 돕고 싶었기 때문에 불안했던 겁니다. 아이가 편식하지 않고 골고루 먹도록 가르쳐 건강하게 성장하길 바랐기 때문이죠. 때로는 화가 아니라 서운함이었습니다. 때로 지쳐서 쉬고 싶을 때 아이가 잠시 조용히 있어주기를 바랐기 때문이죠. 화라는 보따리를 펼쳐보면 그 안에는 정확하고 세밀한 감정들이 있습니다. 서운했고, 억울했고, 슬펐고, 걱정되었고, 불안했고, 좌절했고, 맥이 빠졌고, 지쳤고, 겁이 났던 것입니다. 원인은 상대 때문이 아니라 그 당시 원했던 자신의 욕구가 좌절되었기 때문입니다. 그러니 화라는 감정은 억누르거나 상대에게 터뜨리는 것이 아닙니다. 오히려 그 감정을 잘 보살피며 세밀하게 바라보고, 무엇 때문에 자신의 바람이 좌절됐는지 이해해줄 필요가 있습니다. 아이가 떠들어서 쉬지 못한다고 믿었고 그래서 아이에게 소리를 질렀다면, 엄마가 쉬고 싶으니 잠시 조용히 있어달라고, 그게 되지 않아서 엄마가 좀 힘들고 지친다고 아이에게 협조를 구해보세요. 엄마가 10분이라도 조용히 눈을 감고 있고 싶다고요. 아이도 최선을 다해 엄마를 돕고 싶어 할 것입니다.

화를 따라오는 감정, 나를 작아지게 만드는 죄책감

저는 엄마들의 고백을 들을 때마다 제가 아들에게 했던 말과 행동이 떠올라 많이 괴롭습니다. 제가 별거를 할 당시 아들이 자다가 깨는 일이 종종 있었습니다. 정서적으로 불안했기 때문이죠. 그런데 그 당시 저는 제 자신도 불안해서 아이의 불안을 이해하지 못했습니다. 그래서 아이가 깨서 소리 내어 울면 불같이 화를 내며 소리를 질렀습니다.

"울지 마! 너 때문에 엄마도 못 자잖아!"

저는 가끔 과거로 돌아가고 싶다는 생각을 간절히 합니다. 그때로 돌아가 정말 '지혜로운' 엄마가 되고 싶습니다. 아이를 이해해주고 제 분노와 화를 잘 다룰 수 있는 그런 엄마로 돌아가고 싶어요. 하지만 시간은 그것을 허락하지 않지요. 그게 저로 하여금 가끔씩 걷잡을 수 없는 죄책감에 빠져들게 합니다.

죄책감의 첫 번째 의미 :

더불어 살아가기 위해 필요한 실존적 죄책감

죄책감에는 2가지 의미가 있습니다. 첫 번째는 실존적인 죄책감입니다.

길을 가다 누군가의 몸을 쳐서 그 사람이 넘어졌다면 어떻게 하나요? 얼른 그 사람에게 가서 몸을 일으켜주며 "괜찮으세요? 제가 실수로 그랬습니다. 죄송합니다."라고 말할 거예요. 이때 만약 그 사람에게 "아니, 왜 제 몸에 부딪친 겁니까? 바빠 죽겠는데. 조심하세요!"라고 한다면, 그 사람은 아마 어이없어하면서 싸우려 들거나 돌아서면서 "오늘 완전히 미친 사람 만났네."라고 하겠지요.

우리에겐 살면서 누군가에게 실수를 하고 피해를 주면 자기 행동에 대해 책임을 지고 그것을 해결해야 할 의무와 책임이 있습니다. 아이가 누군가를 때리고 오면 자신이 한 행위가 아니지만 상대 아이와 부모에게 사과를 할 겁니다. 그리고 그 일을 해결하려 할 겁니다. 그렇게 하지 않으면 내 아이가 친구들 사이에서 불편한 존재가 되고 교우 관계에도 나쁜 영향을 미칠 테니까요. 이런 것이 바로 실존적인 죄책감입니다. 우리가 인간적으로 바르게 살아가기 위해, 더불어 살아가기 위해 필요한 과정이지요.

죄책감의 두 번째 의미 :

자신을 괴롭히고 관계에 도움이 되지 않는 신경증적 죄책감

우리는 종종 곱씹고 곱씹으며 자신을 괴롭히는 죄책감에 빠지기도 합니다. 저는 많은 엄마를 만나고 또 제 자신을 돌아보면서 우리에게 이런 신경증적 죄책감이 있음을 발견합니다.

"미안해요, 잘못했어요. 모든 것이 다 제 탓이에요."

상대가 아무리 괜찮다고 해도 다음 날 또 "미안해요. 제가 정말 잘못한 것 같아요. 저 왜 이러죠?"라면서 죄책감에 매몰되면, 자신은 물론 상대와의 관계에도 도움이 되지 않습니다. 이런 신경증적 죄책감은 자신을 너무나 피폐하게 만듭니다.

저도 이런 경험이 있습니다. 아들이 다섯 살 때 집에 있던 휴대용 작은 녹음기에 녹음한 파일을 노트북에서 발견했는데, 그 당시는 저에게 가장 가슴 아플 때라서 열어보기가 망설여졌습니다. 주저하다 파일을 열었더니 저와 아들이 나눈 대화가 담겨 있었습니다.

"엄마 이름은 박재연, 내 이름은 김○○. 우리 엄마 예뻐요."

그 목소리를 듣는 순간 파일을 꺼버렸습니다. 눈물이 나서 더 들을 수가 없었지요. 귀엽기만 한 아들의 목소리가 왜 이렇게까지 괴로운지 곰곰이 생각해봤더니, '그때를 생각하고 싶지 않다.'라는 감정이 확 올라오더라고요. 저의 힘든 상황 때문에 아이의 감정을 돌보지 못한 채 화내고 함부로 대한 미안함 때문에 너무 괴로워서 그 기억을 다시 꺼내기조차 싫었던 것입니다. 사실 못 한 일만 있었던 건 절대 아닌데도 모든 것을 못 한 것처럼 떠오르더군요.

그러면서 제가 신경증적으로 죄책감을 갖고 있는 사건들 때문에 엄마로서 부족하다고 여기는 부분이 있음을 알게 되었습니다. 지나친 죄책감이 당시의 행복하고 즐거웠던 기억조차 바꾸고 있다는 것을 알게 되었죠. 녹음기 속에 담겨 있던 소중한 기억들조차 말이지요.

대화 훈련을 하다 보면 엄마들이 "옛날에 내가 못 해준 것을 별로 생각하고 싶지 않다.", "너무 미안해서 괴롭다."거나, 반대로 그 생각은 억눌러버리고 잘해준 것들에 대해서만 얘기하기도 합니다. 이런 반응은 마음 깊은 곳에 '내가 나를 미워하면 어쩌나.' 하는 두려움이 있기 때문입니다. 너무 미안하면 자신이 나쁜 사람 같고, 부족한 엄마 같고, 그래서 생각하기 싫은 것과 같은 이유겠지요.

현명하게
죄책감 다루기

살면서 누군가에게 미안하지 않을 수 있을까요? 특히 엄마로 살아가면서 자녀에게 미안하지 않을 수 있을까요? 그런 엄마는 아마 없을 겁니다.

누구나 엄마가 되는 순간 언제나 아이들에게 세상의 최고를 주고 싶어 하기 때문입니다. 그런데 우리는 경제적으로도 부족하고 품성도 완벽하지 않지요. 늘 아이에게 무언가 부족하게 주고, 아이에게 미숙한 모습을 보이지요. 그래서 늘 미안합니다. 이런 죄책감을 가만히 들여다보면 아이들에게 정말 잘해주고 싶은 마음에서 비롯되었다는 것을 알 수 있습니다. 엄마로서 갖는 이 죄책감은 그래서 아름답고 인간적이라 할 수 있습니다.

그렇다면 죄책감을 넘어서서 할 수 있는 것은 무엇일까요? 신경증적 죄책감에서는 벗어나되 실존적 죄책감은 책임지고 잘 다루어야 합니다. 미안한 건 미안하다 말하고 아이를 위해 할 수 있는 게 뭔지 고민해야죠. 이 2가지를 구별하지 못하고 알 수 없는 죄책감에 시달리면 의무감이 생기거나 저항감이 올라옵니다. 그건 서로의 관계와 대화에 전혀 도움이 되지 않습니다.

세상에 완벽한 부모는 없습니다. 우리 모두 그걸 알고 있지요. 우리가 할 수 있는 것은 최고의 부모가 되겠다는 생각이 아니라 최선을 다하는 부모가 되겠다는 다짐이 아닐까요.

공감톡

자신에게 말해보세요.

○ 화가 날 때 말해주세요. "내가 원하는 게 잘되지 않아서 불편하구나."
○ 미안해질 때 말해주세요. "내가 우리 아이에게 더 잘해주고 싶구나."

이렇게 자신에게 말하는 시간을 가짐으로써 자기의 화/죄책감이 말해주는 신호를 알아차려야 합니다.

MOTHER'S DIARY

감당할 수 없었던
감정의 무너짐 앞에서

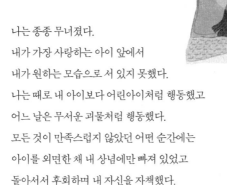

나는 종종 무너졌다.
내가 가장 사랑하는 아이 앞에서
내가 원하는 모습으로 서 있지 못했다.
나는 때로 내 아이보다 어린아이처럼 행동했고
어느 날은 무서운 괴물처럼 행동했다.
모든 것이 만족스럽지 않았던 어떤 순간에는
아이를 외면한 채 내 상념에만 빠져 있었고
돌아서서 후회하며 내 자신을 자책했다.

나는 나를 어떻게 다루어야 하는지 몰랐고
내 감정을 어떤 방식으로 돌보아야 하는지 몰랐다.
감정을 보지 못하고 다루지 못한 채
감정대로 행동하는 삶이 이어졌다.

눈물을 머금고 바라본 파란 하늘이 가르쳐주었다고 할까.
날 바라보며 웃던 아이의 미소가 가르쳐주었다고 할까.
내 품에 안겨 쌔근쌔근 잠든 아이의 숨소리가 가르쳐준 걸까.

나는 내 모든 감정이
내가 살아 있다는 증거라는 사실을 받아들이기로 했다.
때로는 슬펐고
때로는 불안했고
때로는 화가 났던 모든 날이
내가 살아 있는 인간이기 때문에
자연스럽게 올라오는 감정이라는 것을
있는 그대로 받아들이기로 했다.

이 또한 지나간다는 말이
내 삶을 관통하던 그 순간
나는 알 것 같았다.
내 아이가 알 수 없이 울고
납득할 수 없는 방법으로 짜증 내고
문득문득 기운이 빠져 있었던 이유를.

감당할 수 없다고 믿었던 감정들은
그저 나를 지나가는, 바람이라는 손님처럼
그렇게 왔다 가는 것이었음을
이제야 나는 알 것 같다.
그 바람은 우리 아이에게도 오고 간다는 것을.

M Y   D I A R Y

_____

_____

_____

_____

_____

_____

_____

_____

_____

나에게 하고 싶은 말, 떠오르는 생각을 편하게 적어보세요.

06
아이와 새로운 관계를 맺을 수 있게 돕는 '속대화'

우리가 과거의 아픔을 이해하고 자신의 현실과 한계, 나약함을 인정하면 어떤 일이 펼쳐질까요. 많은 경우 자신의 과거 상처와 고통을 있는 그대로 받아들이고, 올라오는 슬픔이나 아픔을 애도하면 기운이 조금 회복됩니다. 그런 상황에서는 열의와 열정도 생깁니다. 그것이 환희에 차는 기쁨은 아니지만 담담하게, 그리고 조금은 무겁게 궁금한 마음이 올라오곤 합니다.

고통은 자신이 변화시킬 수 없는 것들을 붙잡고 살아갈 때 더 커지는 것 같습니다. 자신이 변화시킬 수 없는 상대를 고치려고 하면 할수록 그 고통은 걷잡을 수 없이 커지게 마련입니다. 자신이 할 수 있는 노력들을 먼저 하면 됩니다. 그중 하나는 자신을 변화시키는 것이겠지요. 엄마의 그런 노력은 아이와의 관계에도 매우 중요한 영향을 미칩니다.

대화 훈련 중 한 엄마가 한참을 울고 난 뒤 깊은 한숨을 쉬고는 말했습니다.

"저, 이제 아이와 어떻게 관계를 맺어가면 좋을까요? 어떻게 해야 그동안 아이가 받은 상처가 회복될까요? 지금부터라도 제가 노력하면 아이와 예전처럼 잘 지낼 수 있을까요? 아이가 저를 좋아할까요? 예전에는 엄마가 세상에서 최고라고 했거든요."

가능하다면 잠시 책을 덮고 눈을 감은 채 심호흡을 해보세요. 떠오르는 생각을 멈춘 채 그저 호흡에만 집중하는 겁니다.

그럼 이제 상황이나 현상을 바라보는 대화를 할 준비를 해볼까요. '속대화 – 자기 자신과 나누는 대화'는 마음속에서 침묵으로 이루어지는 자기 혼자만의 대화 방법입니다. 이 대화는 우리가 불쾌하거나 유쾌한 사건을 다룰 때 의식적인 반응을 하는 데 도움을 줍니다. 의식을 한 상태에서 선택적으로 '겉대화 – 상대방과 나누는 대화'를 할 수 있게 해주는 자기 공감 대화 방법이라고 할 수 있어요. 앞에서 다룬 '자동적 생각'은 자기 자신과 나누는 대화라 할 순 없기에 이 책에서는 우리가 마음속으로 하는 '습관적인 속대화'라고 하겠습니다.

습관적인
속대화란

얼마 전 제가 일을 마치고 집에 들어갔을 때입니다. 열여섯 살 아들이 거실 소파에 누운 채 저를 보지도 않고 인사만 건넸습니다.

"엄마 오셨어요?"

목소리의 톤도 낮고 무미건조하게 들렸지요. 그런데 우리 집 강아지는 꼬리를 막 흔들면서 저에게 다가와 반갑게 아는 척을 적극적으로 하는 거예요. 바로 그때 제 머릿속에 이런 '자동적 생각 – 속대화'들이 스쳐 지나갔습니다.

- ○ 쟤는 사춘기라고 해도 너무한 거 아니야?
- ○ 내가 지금 놀다 들어온 것도 아니고 하루 종일 일하고 왔는데, 엄마한테 인사하는 태도가 너무 형편없네.
- ○ 내가 자식을 잘못 키웠나?
- ○ 엄마 무시하는 게 아니면 저게 무슨 태도야?
- ○ 아주 그냥, 두고 보자.

이런 생각이 들면 목소리가 커지고 몸이 긴장되고 근육이 경직되면서 심장이 쿵쾅거릴 수 있습니다. 이런 생각은 어떤 상황에 부딪혔을 때 자동적으로 떠오르지요. 이런 자동적인 생각이 바로 '서로에게 도움이 되지 않는 속대화'이고 '비극적인 겉대화'로 이어집니다. 우리가 상대방과 말을 하기 전에 생각하는 바로 이것이 속대화입니다.

속대화가 겉대화에 끼치는 영향

저는 사람들에게 종종 이런 말을 합니다.

"대화란 겉으로 주고받는 말만이 아닙니다. 그리고 상대와 나누는 관계의 질(Quality)은 속으로 생각하는 속대화, 즉 자기 인식의 수준으로 결정됩니다."

관계를 단절시키는 대화도 결국은 서로에게 도움이 되지 않는 속대화, 자동적인 생각 때문이지요..

예를 들어볼까요?

장을 보고 집에 돌아온 엄마가 현관을 들어서면서 방문 틈 사이로 아들이 컴퓨터를 하고 있는 모습을 보았습니다. 이 모습을 본 엄마는 생각했어요.

속대화 '저 녀석 또 공부는 안 하고 게임하고 있구나.'

엄마는 아들 방문을 열고 소리쳤습니다.

겉대화 "너 또 게임해? 공부 안 해? 당장 꺼. 너 때문에 엄마가 집을 비울 수가 없어!"

똑같은 상황에서 엄마가 만약 이렇게 생각했다면 어땠을까요?

속대화 '아들이 컴퓨터 앞에 앉아 있네? 뭘 하고 있는 걸까? 숙제는 했을까? 물어봐야겠다.'

엄마는 아들 방문을 열고 물어보겠지요.

겉대화 "아들, 컴퓨터 앞에 앉아 있네? 숙제는 끝내고 하는 건지 말해줄래?"

이렇듯 속대화가 무엇인지에 따라 겉대화의 질이 달라지고, 관계가 결정된다고 할 수 있습니다.

정리해보면 대화는 이렇습니다.

1. 결국 자신이 사건을 속으로 어떻게 해석하고 인식하는가에 따라 달라집니다.

2. 그때 무심코 튀어나오는 말에 따라 서로의 관계가 결정됩니다.

서로에게 도움이 되는 '의식적인 속대화' 연습하기

언제인가 SNS에 올라온 글을 본 적이 있습니다. 외국의 유명 장소에서 관광객들이 카페 직원들에게 퉁명스럽고 무례하게 말하는 빈도가 높아져 카페 주인이 고민에 빠졌답니다. 직원들의 사기가 떨어지고 그만두는 사람도 많아서였지요. 그는 이 문제를 어떻게 해결할지 고민하다가, 관광객들은 단골손님이 아니고 1회성 손님이라는 것을 깨닫고 한 가지 방법을 생각해냈습니다. 메뉴판의 글을 바꾼 거지요.

[메뉴판]

커피 - 1만 원

커피 주세요 - 7천 원

안녕하세요, 커피 주세요 - 4천 원

주인의 의도를 알아챈 고객들은 최대한 공손하게 말했고, 직원들은 기분이 좋아져 의욕을 되찾았답니다. 이와 마찬가지로 엄마가 말을 어떻게 하느냐에 따라서 아이들이 정말 행복할 수도 있고 위축될 수도 있습니다. 생각하는 대로 말이 나오기 때문에 머릿속에 어떤 생각을 먼저 떠올리는지에 따라 겉대화가 달라지는 겁니다. 분명히 그 메뉴판을 읽고 말하던 고객들도 정말 행복했을 거예요. 상대에게 친절하게 말을 건네면 상대가 행복해합니다. 그러면 말한 자신도 뿌듯하고 만족스럽지요.

아이들과 대화할 때 속대화를 먼저 정돈한 뒤 말을 하면 실수가 줄어들어 아이들도 행복해하지만, 무엇보다 그렇게 말하는 자신이 즐겁습니다. 이것이 우리가 속대화를 잘해야 하는 이유입니다.

그럼 이제 하나씩 연습해볼까요? 우리의 새로운 삶을 위해, 그리고 더 건강하고 더 행복하게 자랄 권리가 있는 우리 아이들을 위해서!

공감톡

속대화를 연습해볼까요. 매일 하나씩 사례를 적고 써보세요.

상황

"아이가 학원이나 학교 숙제를 안 하고 싶다고 할 때
마음속에서 뭐라고 대화를 하나요?

마음속에서 올라오는
'아이와 나에게 도움이 되지 않는 습관적인 속대화'를
빠짐없이 적어보세요.

예) 커서 뭐가 되려고 저러지? / 엄마 말을 무시해? / 학교 가서 선생님한테 야단맞으면 자존감
이 약해질 거야.

1
_____

2
_____

3
_____

마음속에서 올라오는
'아이와 나에게 도움이 되는 의식적인 속대화'를
빠짐없이 적어보세요.

예) 숙제를 못 하는 이유를 들어볼까? / 지난번에도 그랬는데 이번에도 그렇다면 분명히 하기 싫은 다른 이유가 있겠지? / 아이와 대화할 시간이구나. / 어떻게 도와주면 할 수 있을까?

1 _____

_____

2 _____

_____

3 _____

_____

어떤 속대화가 자녀와의 겉대화에 도움이 될까요?

07
새로운 관계를 위한
대화의 법칙

소위 '좋게, 긍정적으로' 생각하는 것이 서로에게 도움이 되고 자신의 정신건강에도 좋다는 것을 우리는 이미 충분히 알고 있습니다. 그러나 우리는 사랑하는 사람들과 잘 지내고 싶으면서도 갈등을 경험합니다. 특히 아이들과의 관계에서는, 이런 대화 관련 책을 읽거나 대화 훈련을 받으면 그날은 뭔가 될 듯한 마음에 아이들한테 "그래. 네가 그래서 속상했구나. 좀 인정받고 싶었을 텐데." 이러다가, 너무 화가 나는 날은 "너, 보자보자 하니까 정말! 언제까지 엄마가 참아야 돼? 너 이리 와봐!" 이렇게 다 무너져버립니다.

그렇다면 대화 훈련을 하기에 앞서 무엇을 알아보면 좋을까요?

아이와의 관계 통장에
틈나는 대로 저축을 하자

사람들은 앞으로 일어날지도 모르는 일들에 대비하기 위해 많든 적든 저마다 돈을 모읍니다. 조금씩 넣은 적금이 어느새 만기가 되면 그 통장을 들고 뿌듯해했던 경험도 있을 겁니다. 만약 그 통장에 500만 원이 있다면 50만 원을 꺼내 사용한다 해도 그리 불안하지는 않을 겁니다. 여전히 많은 잔고가 남았고, 앞으로도 조금씩 모을 테니까요. 그래서 통장에 잔고가 있다는 건 중요합니다. 잔고가 있으면 흔들리지 않거든요. 아이들과의 관계에서도 평소에 저축을 하는 것이 중요합니다.

인정 5 대 비난 1의 법칙

《원하는 것이 있다면 감정을 흔들어라(다니엘 샤피로, 로저 피셔 저, 이진원 역, 한국경제신문사)》의 저자이자 하버드 대학교 협상심리연구센터의 소장인 다니엘 샤피로는, "상대의 핵심 관심을 잘 파악하는 것이 우리가 좋은 관계를 맺을 때 굉장히 중요하다."라고 했습니다. 이것은 부모와 아이의 관계에서도 마찬가지라고 생각합니다.

다니엘 샤피로가 사람들을 대상으로 진행한 실험이 있습니다. 사랑하는 가족, 커플들끼리 각자 방에 들어가게 하고 그 방에 관찰자를 둔 다음 그들이 최근에 겪은 갈등에 대해 얘기를 나누게 한 것입니다. 관찰자는 그들이 무슨 말을 하는지를 그대로 받아 적게 했습니다. 고작 몇 분의 실험이었지요. 그 몇 분의 관찰 기록을 분석해 3년 뒤, 5년 뒤, 10년 뒤까지 그들의 관계를 예측했는데, 정확도가 90% 이상이었습니다. 어떤 사람들은 10년 뒤에도 잘 지내고 있고 어떤 사람들은 관계가 깨졌다는 거지요.

그 차이는 대화 방법에 있었습니다.

다니엘 샤피로는 물었습니다.

"여러분은 최근에 겪은 갈등에 대해 상대와 싸우거나 말다툼 없이 말할 수 있나요?"

실험에 참여한 사람 모두 갈등과 다툼이 있었습니다. 그러나 한 번은 상대를 비난하고 다른 한 번은 상대를 인정하는 커플들, 즉 '인정 1 대 비난 1'의 법칙일 때는 관계가 좋지 않게 끝났습니다. 그런데 어떤 커플들은 갈등을 경험하면서도 수년 동안 좋은 관계를 유지했습니다. 그들은 1 대 1이 아니라 5 대 1의 법칙을 대화에 적용했습니다.

다니엘 샤피로는 사람들이 아주 중요하게 생각하는 관심 사항들이 있다고 말합니다. 그중 하나가 '인정'입니다. 우리는 누구나 인정받고 싶어 하니까요. 5 대 1의 비율은 바로 인정에 관한 것이었습니다. 상대를 인정하는 말의 비율이 5, 상대를 비난하는 말이 1인 경우에는 관계가 좋았다는 겁니다.

이것을 아이와의 관계에 적용해보면 좋겠습니다. 평소에 아이와 좋은 관계의 적금통장을 만들어둡니다. 인정하는 말을 많이 해두는 거죠. 어느 날은 우리도 미숙할 때가 있고 급할 때도 있어 아이에게 공감하거나 인정해주지 못할 수 있습니다. 그럴 때는 막 소리를 지르고 화를 내기도 하지요. 그 화를 합리화하자는 것이 아닙니다. 우리가 때로는 아이에게 후회할 행동을 할 수 있는 존재라는 걸 인정하면서 스스로에게 여유를 주자는 것입니다.

'내가 하지 말아야 할 행동을 해버렸구나. 여태까지 배웠지만 이왕 망가진 거 그냥 지금부터 망가지자.'가 아니라 '내가 항상 잘해주고 싶은데 그게 되지 않았구나. 지금부터 최소한 다섯 번은 진정성을 가지고 아이에게 더 다가가려고 노력해야겠다.'라고 생각하며 기운을 내면 됩니다. 이처럼 평소 아이가 힘들어하거나 기운이 없을 때는 공감도 해주고 말도 들어주고 도와주기도 하면서 관계의 저축을 많이 해놓으면 좋겠습니다.

인정 5 대 비난 1이라면 사춘기도 두렵지 않다

제 아들 친구 중 한 명은 여섯 살 터울의 형이 있습니다. 그 형이 중학교 2학년일 때 사춘기가 왔습니다. 제가 보아온 그 아이는 어려서부터 너무나 다정하고 애교도 많고 엄마와 스킨십도 자연스럽게 했습니다. 그 집 아빠도 무척 자상해서 아빠를 닮아 아들들이 다정하고 배려심이 깊다고 생각했죠. 그래서 그 집 아들에게 사춘기가 왔을 때 저도 당황했지만 그 엄마가 당황하는 모습을 보면서 참 많이 놀랐습니다. 다행히 그 집은 사춘기도 잘 넘기더군요. 그 아이는 대학생이 된 지금도 여전히 엄마, 아빠와 관계가 좋습니다. 그 엄마도 때론 아이에게 거친 말을 했지만 평소에 신뢰와 애착 관계에서 쌓아놓은 사랑이 가득했기 때문입니다.

그 엄마와 아들의 관계에서 바로 5 대 1의 법칙을 볼 수 있었습니다. 그 엄마가 아이들을 인정하는 말에는 군더더기가 없었습니다. "맞아. 그건 네 말이 맞아.", "네 입장에서는 그럴 수 있지.", "엄마가 이제 알았어, 무슨 말인지."라는 방식의 대화와 안아주고 어깨를 두드려주는 스킨십이 있었습니다.

이렇게 아이를 인정하는 말을 다섯 번 할 때 부모가 주의해야 할 점은 여기에 단서를 붙이지 않는 것입니다.

"고맙다. 엄마가 그 마음은 알겠는데 그건 너무했잖아."

이런 식으로 대화를 시작하면 안 됩니다.

"너한테 힘든 일인데 이렇게 해줘서 고맙다.", "고맙다, 엄마가 이제 네 마음을 알겠어."

여기까지만 하는 거지요. 평소 아이들이 하는 말에 이렇게 자주 인정해주는 말을 진심을 담아 한다면 아이들이 가끔 우리에게 서운함을 느끼더라도 회복하기 쉬워집니다.

메라비언의 법칙 :
일치의 중요성

의사소통에 관한 법칙 중 메라비언의 법칙(The Law of Mehrabian)이라는 것이 있습니다. 메라비언의 법칙은 대화에서 말의 내용만으로 상대방이 내 의도를 알아차릴 확률은 7%밖에 안 되며, 시각과 청각 이미지가 중요하다는 커뮤니케이션 이론입니다.

어느 날 유치원에 다녀온 아이가 설거지를 하고 있는 엄마에게 묻습니다.

"엄마, 나 사랑해?"

엄마는 오늘 할 일이 많아서 빨리 설거지를 끝내야 하기 때문에 아이를 보지 않고 설거지를 하면서 대답해요.

"당연히 사랑하지. 빨리 손 씻고 와."

뻔한 걸 묻는 아이에게 당연하다는 듯 무미건조하게 대답한 거죠. 엄마가 사랑한다고 했지만 아이는 혼란스럽습니다. 엄마가 자신을 보지도 않고 귀찮다는 듯이 말했거든요.

아이가 다시 묻습니다.

"엄마, 나 정말 사랑해?"

그러면 엄마는 '얘가 왜 두 번 묻지?'라는 생각에 다시 말합니다. 설거지는 계속하면서 목소리만 조금 바뀌지요.

"그럼~ 엄마가 우리 딸 사랑하지. 자, 빨리 손 씻고 와."

이번엔 아이가 조금 알아듣습니다. 같은 말이지만 엄마의 말에 부드러운 음색이 더해졌기 때문이지요. 말의 내용이 7%라면 음색, 목소리 톤 등은 38%의 영향을 줍니다. 그러나 여전히 의사소통이 100%는 되지 않았습니다.

그래서 아이가 또 물어요.

"엄마, 나 정말 사랑해?"

이번에는 엄마가 고개를 돌려 아이를 보며 생각합니다. '얘가 세 번 물을 땐 뭔가 있구나.'

엄마는 설거지를 멈추고 아이를 봐요. 그런 다음 아이를 안아주죠. 눈으로 보고 몸으로 표현해주는 것이 55%가 되는 거예요.

"그럼. 엄마가 우리 딸 사랑하지. 엄마 눈 좀 봐봐. 이제 알겠어?"

메라비언의 법칙은 한 사람이 상대방으로부터 받는 이미지는 표정, 몸짓, 보디랭귀지 표현 같은 시각적 요소(Visual)가 55%, 목소리 톤이나 어투, 음색 같은 청각적 요소(Voice)가 38%, 말의 내용(Verbal)이 7%를 차지한다는 대화 법칙입니다.

모두 V로 시작하지요? 이 3가지 V가 하나가 되면 100%가 됩니다. 그것이 효과적인 의사소통입니다.

이 법칙을 5 대 1 법칙에 어떻게 적용하면 좋을까요? 아이를 바라보며 정말 인정해주는 말투로 말의 내용까지 일치시켜서 다섯 번을 해주면 아이도 엄마의 노력을 가슴에 담아둘 겁니다. 그다지 시간이 걸리진 않아요. 아주 짧게 해도 됩니다. 하던 일을 잠깐 멈추고 "잠깐 이리로 와봐."라며 꼭 안아주고 "사랑해."라며 뽀뽀해주고 "이게 엄마 마음이야. 알겠어?" 이 정도면 되는 거죠. 이렇게 하는 데 1분도 걸리지 않습니다. 평소에 그냥 해주는 거죠. 자주자주 해주세요.

공감톡

지금까지 내가 해온 말이 서로에게 도움이 되는 방식이었나요, 도움이 되지 않는 방식이었나요? 아이와 관계를 맺어나갈 때 중요한 법칙은 의사소통이 일치되는 것, 그리고 아이를 인정하는 태도를 기르고 그런 말을 자주 해주는 것입니다. '좋다', '나쁘다'보다는 자신이 지금 한 말이 '우리에게 도움이 되는가, 도움이 되지 않는가. 그래서 앞으로는 어떻게 하면 도움이 될 수 있을까?'를 생각해봅시다.

하루에 한 번씩 아이의 눈을 보며
안아주고 따뜻한 목소리로 "사랑해."라고 말하고
체크해보세요. 한 주 동안 얼마나 했나요?

월	화	수	목	금	토	일

하루에 한 번씩 아이에게 "엄마가 네 생각을 이해했어.",
"엄마가 네 마음을 알 것 같아.", "네 입장에서는 그렇게
생각할 수 있었겠다."라고 인정하는 말을 해주고
한 주 동안 얼마나 했는지 체크해보세요.

월	화	수	목	금	토	일

08
도움이 되는
속대화 연습 1
보고 듣는 것 관찰하기

유치원에 다녀온 아이가 말했습니다.

"엄마, 오늘 간식이 귤이었는데 선생님이 친구들은 주고 나랑 유석이는 안 줬어. 나 귤 먹고 싶어. 귤 있어?"

이 말을 듣자마자 엄마는 "왜 안 주셨어?"라고 묻습니다. 아이가 "응, 귤이 5개 있었는데 친구들이 7명이라서."라고 답하자 엄마는 기분이 상해 이렇게 말하고 맙니다.

"뭐야. 선생님이 차별하시네."

유치원에 다녀온 또 다른 아이가 말했습니다.

"엄마, 오늘 간식이 귤이었는데 선생님이 나부터 줬어. 친구 2명은 못 받았어."

아이 말을 들은 엄마가 반응합니다.

"왜 2명은 못 받았어?"

"응, 귤이 부족해서."

이 말을 들은 엄마는 활짝 웃으며 말합니다.

"와~ 선생님이 우리 ○○를 예뻐하시나 보네?"

우리는 언젠가부터 겉으로 드러난 현상만 보고 재빨리 판단한 뒤 그것을 진실이라고 믿으면서 대화를 시작합니다. 그러나 도움이 되는 속대화, 좀 더 진실에 가까운 대화를 하기 위해서는 제일 먼저 있는 그대로 보는 능력이자 들은 그대로 반영하는 능력, 즉 관찰하는 능력이 필요합니다.

위 사례에서 선생님이 차별한다는 것은 엄마의 생각입니다. 이때 엄마가 들은 내용은 귤이 5개뿐이라 선생님이 내 아이와 또 한 아이에게는 귤을 주지 않았다는 것입니다. 또 다른 사례에서 선생님이 내 아이를 예뻐한다는 것도 엄마의 생각에 불과합니다. 진실은 선생님이 내 아이부터 귤을 줬고 5명이 받았으며 2명은 받지 않았다는 것입니다.

우리는 왜 관찰보다 판단을 더 잘할까

우리는 관찰과 동시에 판단을 하는데, 관찰은 기억에서 종종 사라지고 판단만이 진실인 것처럼 뇌에 저장됩니다. 오랜 세월에 걸쳐 자신이 안전한지 불안한지를 재빨리 판단해서 행동해야 했던 생존 본능을 갖고 있기 때문입니다. 이때는 충분히 생각하고 이성적으로 판단하는 것이 아니라 자신의 감정대로 판단합니다. 사람 사이의 관계로 보면 어떨까요?

자신에게 도움이 되는 사람은 긍정적으로 평가하고, 자신에게 도움이 되지 않는 사람은 부정적으로 판단해버립니다. 그래서 좋은 사람과 나쁜 사람이 생기고, 이때 나쁜 사람으로 인식되면 그다음부터는 그 사람의 나쁜 점만 눈에 들어오지요.

평가에 따라오는 꼬리표, 부정 편향 없애기

나중에 더 자세히 이야기하겠지만, 어떤 사람에 대해 평가(긍정, 부정 모두)하는 것을 '꼬리표'라고 합니다. 그리고 그 꼬리표대로 사람을 바라보면서 "거봐, 내 말이 맞지?"라는 증거를 찾아내고 확인하는 것을 '부정 편향'이라고 합니다. 한번 사람을 부정적으로 보기 시작하면 자꾸 부정적인 점들이 눈에 띄면서 그게 진실처럼 느껴지는 것이지요.

첫 번째 사례의 엄마는 유치원 선생님이 자신의 아이를 차별하는 모습만 발견하고, 후자의 엄마는 유치원 선생님이 자신의 아이를 사랑하고 좋은 사람으로 보는 모습만 발견할지도 모릅니다. 한번 싫은 사람은 자꾸 싫어지고 그런 모습만 보이는 것과 같습니다.

아이에 대해 이렇게 생각하면 어떨까요?

엄마가 자기 아이를 '게으르고 생각이 없다.'고 판단하면, 아이가 가만히 소파에 누워 있어도 '저거 봐. 게으르게 누워 있기나 하고.'라고 생각하면서 자기 아이를 정말 게으른 사람으로 보기 쉽습니다.

이렇게 어떤 사람을 자신의 잣대로 판단하고 그것을 사실이라고 믿으면 과연 서로 깊이 공감하고 연결되는, 마음을 유지하는 대화가 가능할까요?

아마 힘들 것입니다. 그래서 최소한 사랑하는 자녀와 대화를 하는 동안만이라도 이 생각과 판단을 잠시 거두고 본 그대로, 들은 그대로를 상기시킬 필요가 있습니다. 이것이 대화의 시작입니다. 성공적인 속대화는 바로 그 관찰하는 능력에서 시작되니까요.

관찰 능력 회복하기

"우리 애는 하루 종일 휴대전화를 들고 살아요."

➡ 제가 본 것은 아이가 어제 2시간 동안 휴대전화를 들고 소파에 앉아서 그걸 보는 모습이었어요.

우리는 있는 그대로의 모습을 볼 수 있고, 상대의 말을 들은 그대로 표현할 수 있습니다. 어릴 때는 우리 모두 그 능력이 아주 좋았기 때문입니다. 우리가 크면서 잃어버린 관찰 능력을 다시 회복하려면 약간의 훈련이 필요합니다.

관찰 능력이 회복되었다고 하여 판단이나 평가를 하지 않는 것은 아닙니다. 다만 우리가 하는 것이 판단인지 관찰인지를 구별하는 능력은 키워집니다. 최소한 평가하면서 그것을 진실이라고 믿지는 않았으면 좋겠습니다. "우리 애요? 정말 게을러요. 사실이에요."라는 식으로 말입니다. 판단과 관찰을 구별하면 이렇게 말할 수 있습니다. "우리 애가 게으르다는 생각이 강하게 들어요. 이런 생각이 들 때 제가 본 것은 아이의 책과 양말, 입었던 옷이 침대에 놓여 있고 아이가 3일째 세수와 양치를 하지 않고 잔 모습이에요."

공감톡

단정적으로 평가하는 속대화를 본 그대로,
들은 그대로 관찰하는 표현으로 바꾸어볼까요.

예) 우리 애는 건강해.
→ 우리 애가 학교에서 체육대회를 마치고 집에 와서 "하나도 안 힘들어요."라고 말하더니 오후에 수영하러 갔어.

○ 우리 애는 문제가 있어.
→ _____

○ 우리 애는 너무 착해서 탈이야.

→ _____

○ 우리 애는 양보심이 없어.

→ _____

○ 우리 애는 배려심이 참 많아.

→ _____

○ 우리 애는 게을러.

→ _____

○ 우리 애는 리더십 하나는 타고났어.

→ _____

09
도움이 되는
속대화 연습 2
자기 마음에 느껴지는 진짜 감정 알기

생각 ➡ 행동하고 싶은 충동 ➡ 감정

"우리 애는 하루 종일 휴대전화를 들고 살아요."

➡ 그 꼴을 보면 가서 확 뺏어버리고 싶어요. **- 충동적 행동에 대한 생각**

➡ 그리고 화가 너무 나요. **- 감정**

　제가 일을 마치고 집에 들어갔을 때 누워서 쳐다보지도 않고 말로 인사를 건네는 아들을 보면서 '저 자식이 커서 뭐가 되려고 저러지? 엄마의 수고도 모르는 무심하고 철없는 놈.'이라는 생각을 진실이라고 믿으면, 저는 확 소리를 지르며 아들을 소파에서 끄집어 내리고 싶을 것입니다. 이런 생각은 '불쾌하고 분하다.'라는 감정을 만들어 냅니다. 자동적인 생각이 충동을 만들고 감정을 이끌어내지요.

생각 ➡ 관찰 ➡ 감정

"우리 애는 하루 종일 휴대전화를 들고 산다는 생각이 자주 들어요. 제가 본 것은 어제 2시간 동안 휴대전화를 들고 소파에 앉아서 그걸 보는 모습이었어요."

➡ 우리 애가 2시간 동안 휴대전화를 들고 소파에 앉아 있는 모습을 가만히 보고 있으면 짜증이나 화가 나기보다는 **걱정되고 초조해요.**

만약 이때 자신의 생각을 알아차리고 관찰로 돌아온다면 어떤 변화가 생길까요?

'내가 지금 아들을 향해 커서 뭐가 되려고 저러나, 내 수고도 모르는 무심하고 철없는 놈이라고 생각하고 있구나. 잠시만! 내가 본 게 무엇이지? 나는 아들이 소파에 누워서 나를 보지 않고 '다녀오셨어요?'라고 말하는 걸 들었어. 그 말을 들었을 뿐인데, 지금 내 감정이 어떻지? 솔직히 서운하고 힘이 좀 빠져. 아, 이게 내 감정이구나.'라는 것을 깨닫게 됩니다.

관찰하다 보면 감정이 세밀하고 정교해진다

참 재미있게도 우리는 생각을 해도, 관찰을 해도 감정이 생겨요. 그 감정은 같을 수도, 다를 수도 있습니다. 사람이 감정을 느끼지 못한다면 그것은 살아 있는 상태라고 보기 힘들겠지요. 이 말을 뒤집으면 사람은 늘 생각하는 존재라는 것입니다.

우리는 늘 생각합니다. 그 생각을 멈출 수 없지요. 그 생각은 판단과 평가로 표현됩니다. 그래서 우리는 판단이나 평가를 안 하는 것이 아니라 되도록 관찰하려 하고, 판단과 관찰을 구별하려 노력해야 합니다. 많은 경우 노력하는 과정에서 세밀하고 정확한 자신의 감정을 발견할 수 있고, 그 과정은 마음의 여유를 조금 갖게 해줍니다.

감정은 무엇을 의미할까

사람들은 말합니다. 부정적인 감정은 느끼고 싶지 않다고. 앞의 사례에서 엄마로서 무너졌던 감정들을 다시 언급하자면, 슬픔이나 분노, 두려움이나 불안, 미안하거나 부끄러운 감정 등을 느끼고 싶어 하지 않습니다.

하지만 이런 감정은 피할 수 있는 것이 아닙니다. 있는 그대로 받아들일 필요가 있습니다. 살아 있는 한 우리는 생각을 하고 그 생각은 감정을 만들어냅니다.

우리는 왜 그런 감정들 앞에 '부정적인'이라는 단어를 붙였을까요? 부정적인 감정이라는 말을 하면 누가 그런 감정을 환영할까요?

만약 아이가 '슬픔, 두려움, 공포, 분노, 불안, 부끄러움, 창피함' 같은 감정을 느낀다면, 우리는 어떻게든 그 감정을 없애주려 하거나 없애야 한다고 생각할 것입니다.

저는 오래전 공황 장애를 앓을 때 그 불안이라는 감정, 공포의 감정들을 부인하고 싶어서 매일 저항했습니다. 부정적인 감정이라는 딱지를 붙이고 제 인생에 허용해서는 안 되는 감정이라고 생각했지요. 하지만 이런 생각은 그 감정을 없애지 못했을 뿐만 아니라 그것이 가능한 방법도 되지 못했습니다.

감정은 부정적이거나 긍정적인 어떤 것이 아닙니다. 그것은 삶에서 매우 중요한 '알람'이라고 할 수 있습니다. 그것은 그저 삶에 필요한 것이 만족스러울 때나 그 반대일 때 느껴지는 어떤 것일 뿐입니다. 만약 행복한 감정을 느낀다면 삶에 필요한 어떤 것이 충족되었다는 알람이며, 불행한 감정을 느낀다면 삶에 필요한 어떤 것이 아직 채워지지 않았다는 알람일 것입니다.

아이를 재울 때 안아주자마자 쌔근쌔근 자면 평화롭고 기쁘고 행복할 겁니다. 그런데 아이를 안아주고 업어주어도 2시간이 넘도록 보채며 잠을 자지 않을 때는 짜증도 나고 피곤하고 지칠 테지요. 그렇게 감정은 현재 혹은 그 당시 중요한 요소가 충족되었는지 아닌지를 알려주는 알람의 기능을 합니다. 다만 그뿐이라는 것을 모두가 꼭 기억하면 좋겠습니다.

공감톡

어떤 상황에서 느껴지는 감정 적기.
목록을 보고 자신의 감정을 적어보세요.(참고. 부록_느낌 목록, 284쪽)

예) 지하철을 탔는데 뒤에 있던 사람이 나를 치고 나가 남은 한 자리에 앉았다. 나는 13정거장을
서서 갔다. <u>짜증 나고 억울했다.</u>

○ 마트에서 장을 보다 아이가 눈에 보이지 않아
　10분 넘게 아이를 찾아다녔다. _____

○ 첫째가 동생과 방에서 놀다가 만들던 레고를 부숴버리고
　동생의 머리를 때렸다. _____

○ 친정엄마가 "오랜만에 친구들도 만나고
　마음껏 바람도 쐬고 와."라며 10만원을 주셨다. _____

○ 회식이 있다던 남편이 새벽 3시가 되어도
　전화를 받지 않았다. _____

○ 아이의 학교 선생님이 전화를 걸어 우리 아이가 참 친절하고
　친구들과도 잘 지내 보기 좋다고 하셨다. _____

10
도움이 되는
속대화 연습 3
감정의 원인 이해하고 찾기

"우리 애는 하루 종일 휴대전화를 들고 살아요. 제가 본 것은 어제 2시간 동안 휴대전화를 들고 소파에 앉아서 그걸 보는 모습이었어요."

➡ 우리 애가 2시간 동안 휴대전화를 들고 소파에 앉아 있는 모습을 가만히 보고 있으면 짜증이나 화가 나기보다는 걱정되고 초조해요.

➡ 왜 그런 감정을 느꼈냐 하면, 아이가 균형 있게 생활하도록 가르치고 저도 마음 놓고 쉬고 싶었기 때문이에요.

우리는 감정의 알람에 귀를 기울여야 합니다. 그래야만 감정이 생기는 이유를 정확히 찾을 수 있기 때문이지요. 지금까지 우리는 생각 속에서 감정을 찾아왔습니다. 그러니 도움이 되지 않는 방식의 생각을 하면 충동적으로 행동하고, 상대를 탓하며 다투기 쉽지요.

그러나 이제 우리는 그런 자동적인 생각이 감정을 만들어내고, 그때의 감정은 매우 모호하고 공격적이라는 것을 알았습니다. 마음에서 올라오는 진짜 감정이 무엇인지 관찰하면서 탐색도 해보았습니다. 그 결과 단순한 분노가 아니라 걱정되고 초조해서라는 것을 알게 되었습니다. '상대 때문에 분노를 느낀다.'가 아니라 '나는 걱정되고 초조해진다.'라는 것을 정확하게 인식하게 된 것입니다.

감정의 정확한 원인은
어디에서 찾을까

원하는 것이 이루어졌을 때와 이루어지지 않았을 때 올라오는 알람이 감정이라면, 원하는 것을 어떤 단어로 표현하면 좋을까요?

바람, 핵심 욕구, 필요 등이라 할 수 있는데, 이 책에서는 편의상 감정이 올라오는 순간 우리가 원하는 것을 '욕구'라고 하겠습니다.(참고. 부록_욕구 목록, 282쪽) 즉, 감정이 올라오는 이유는 자신이 원하는 '욕구'가 있기 때문입니다. 아이가 안아주자마자 잠이 들 때 우리는 평화롭고 기쁘고 행복한 감정을 느낀다고 했습니다. 그것은 휴식, 혼자만의 시간, 자유에 관한 욕구가 충족되었기 때문입니다. 만약 아이가 2시간이 넘도록 보채며 자지 않는다면 우리는 피곤하고 지칠 것이라고 했습니다. 그것은 휴식, 수면, 아이의 건강에 관한 욕구가 충족되지 않았기 때문입니다.

자신의 욕구를 모를 때 나타나는 아픈 결과

우리는 종종 자신이 느끼는 감정의 원인을 잘 모릅니다. 대개 자신 때문이라고 생각하며 상대의 눈치를 보거나, 반대로 상대 때문이라고 생각하면서 상대를 비난하거나 상대에게 강요하게 되지요. 위의 사례에서 분노의 원인을 자녀 때문이라고 생각했다면 아마도 엄마는 아이에게 다가가 소리를 지르며 휴대전화를 빼앗거나 당장 끄라고 강요하기 쉽겠죠. 그러나 만약 감정의 원인을 엄마의 욕구에서 찾을 수 있다면 거기서부터 관계의 기적이 시작될 것입니다.

관계의 기적은 욕구를 표현하는 데서 시작된다
: 누구 때문에? → 무엇 때문에!

엄마가 만약 자기감정이었던 걱정과 초조함의 원인을 자기의 욕구(가르침 – 아이가 균형 있게 생활할 수 있도록 다양한 경험 지도하기)가 충족되지 못했다는 데서 찾을 수 있다면, 최소한 아이를 탓하지 않으면서 자신이 원하는 것을 표현할 수 있는 능력을 회복하게 되는 것입니다.

○ 너 때문에 엄마가 쉬지도 못하고 계속 신경 쓰잖아. 하루 종일 뭐 하는 거니? 당장 꺼!

○ 엄마는 걱정되고 초조한 마음이 든다. 네가 집에서 시간을 보낼 때 다양한 것을 해보면 좋겠고 그걸 가르쳐주고 싶어.

어떤 말이 아이에게 더 잘 들릴까요? 만약 아이에게 "엄마의 말이 무슨 뜻인 것 같니?"라고 물어보면 정확히 알 수 있을 것입니다.

아이들은 전자의 경우 종종 "화냈어요, 짜증냈어요, 협박했어요." 라고 말합니다. 그러나 후자는 "걱정된대요, 다양한 것을 하래요, 저한테 뭘 가르쳐주고 싶대요."라고 말하지요.

아이가 어떤 것을 기억해주기를 바라나요? 우리가 말할 때 상대에게 바라는 것이 무엇인지 생각해보면, 대부분은 자신이 원하는 것을 알아주길 바랍니다. 다시 말하면 자신의 '욕구'를 알아주기를 바라는 것이지요.

왜 욕구를 표현하면 관계의 기적을 불러올까?

우리는 표에 나타난 것처럼(참고. 부록_욕구 목록, 282쪽) 다양한 욕구를 갖고 살아갑니다. 때에 따라 달라지는 욕구들을 충족하기 위해 끊임없이 대화하고, 부탁하고, 행동하는 노력을 하지요. 자기만의 시간을 갖고 싶다면 아이가 빨리 잘 수 있도록 안아서 재우거나, 친정엄마에게 전화해서 아이를 봐 달라고 부탁할 수도 있겠지요.

이처럼 사람들은 저마다 순간순간 다른 욕구를 갖고 살아가지만, 그 모든 욕구를 가만히 들여다보면 '욕구'가 우리 모두에게 공통되는 중요한 단어라는 것을 알 수 있습니다. 다시 말하면 서로 자신의 욕구를 표현하면 이해와 공감을 이끌어낼 수 있다는 것입니다. 다만 어떤 상황에서는 충족하기 힘든 욕구들이 있고, 어떤 관계에서는 욕구를 표현하기 힘들 뿐입니다.

예를 들면 며느리가 시어머니에게 "저는 휴식이 좀 필요해요, 어머니."라고 말하거나 직장에서 상사에게 "저는 일할 때 자율성과 존중이 중요해요."라고 말하기는 쉽지 않습니다. 시어머니에게도 '휴식'이라는 욕구는 중요할 테고, 상사에게도 '자율성과 존중'이라는 욕구는 중요하지만, 힘의 차이가 있는 관계에서는 자신의 욕구를 편하게 말하기 어렵습니다. 상대가 어떻게 해석할지 확신할 수 없고 믿을 수 없기 때문이겠지요. 대화에서 서로가 자신의 욕구를 말할 때 그것을 편견 없이 그의 욕구로 들을 수 있기까지는 훈련이 필요합니다.

이런 이유로 저는 엄마들이 불편한 대상보다는 자신보다 힘이 없고 약한 대상, 가장 편안하고 사랑하는 자녀와 대화 훈련을 해보면 좋겠습니다. 이를 통해 아이들의 욕구를 '내가 해줘야 하는 어떤 것'으로 듣지 않고 그저 '내 아이가 원하는 것'으로 들을 수 있다면, 아이가 어른으로 성장하면서 남을 탓하거나 자기 비난에 빠지지 않고 건강한 방식으로 소통할 수 있게 될 것입니다.

만약 아이가 "엄마, 저는 자유가 중요해요. 자율성도 중요하고요."라고 말한다면, 우리 중 어느 누가 "그런 게 뭐가 중요해. 자유랑 자율성은 인생에서 전혀 중요한 게 아니야!"라고 말할 수 있을까요?

아마 전부 "맞아. 엄마도 그래. 자유와 자율성도 중요하지."라고 말할 겁니다. 욕구까지는 서로 갈등 없이 이해할 수 있지요. 서로 다른 '생각'에는 갈등이 생기지만 다른 '욕구' 자체는 이해할 수 있게 됩니다. 욕구 자체는 트집을 잡을 수도, 오해할 수도 없지요. 욕구가 기적인 이유는, 때로 그것이 충족되지 않더라도 그것이 중요하다는 마음만 이해해줘도 편안해질 수 있기 때문입니다. 많이 힘들 때, 친구가 "네가 위로(욕구)가 필요했구나. 그래서 힘들었나 보네."라고만 해줘도, 그 마음만 알아줘도 편안해지는 이유가 바로 자신의 욕구가 표현되고 이해받는 기적이 일어났기 때문입니다.

공감톡

충족된 욕구, 충족되지 않은 욕구 찾아보기.

다음 예시로 주어진 상황에 해당하는 욕구를 '부록_욕구 목록(282쪽)'에서 찾아 적어보세요. 해당 욕구가 충족된 상황인지, 아닌지도 생각해봅니다.

예) "나는 참 서운하다. 내가 얼마나 노력했는지도 모르면서 더 열심히 하라는 엄마 말을 들으면 당장 다 때려치우고 싶어진다." 인정, 감사, 공감 <u>충족되지 않은 욕구</u>

나는 정말 억울했다. 친구가 잃어버린 학용품을 찾으며 내가 갖고 가지 않았는데 여러 차례에 걸쳐 나한테 내놓으라고 했다. _____ _____

나는 무척 화가 났다. 점심도 못 먹고 일했는데 잠시 커피를 마시는 순간 과장님이 지나가면서 나에게 한가하냐고 말했다. _____ _____

나는 행복했다. 오늘 엄마가 나한테 생일 축하한다며 예쁜 목걸이를 주셨다. 그리고 아이 낳느라 수고했다는 말도 해주셨다. _____ _____

나는 기뻤다. 오늘 아이 유치원 선생님이 우리 아이가 친구들도 잘 도와주고 잘 웃는다면서 사랑스럽다고 말했다. _____ _____

위의 예시처럼 오늘 자신이 겪은 상황 중 욕구가 충족된 경우와 그렇지 않은 경우를 떠올려 적어보세요.

_____

_____

_____

_____

11
도움이 되는
속대화 연습 4
원하는 것이 무엇인지 파악하기

작년에 맘스라디오에서 엄마들을 위한 특강을 몇 차례 했습니다.
소규모 인원이 모여 자녀와 대화하는 방법에 대해 이야기를 나누었
는데, 그날 주제가 '자녀에게 부탁하기'였습니다. 보통은 엄마들만
오는데, 그날은 한 분이 다섯 살 남짓한 아들을 데리고 왔습니다. 서
로 돌아가며 자기소개를 하는데 동그랗게 앉은 우리들 사이로 남자
아이가 뛰어다니며 소리를 내기 시작했습니다.

"너, 이러면 터닝메카드 안 사줘. 얌전히 있기로 했잖아."라고 엄
마가 아들에게 작은 소리로 이야기했습니다. 그러자 아들이 엄마를
보며 큰 소리로 말했습니다.

"왜? 따라오면 사준다며."

그때 제가 아이를 보며 부탁했습니다.

"잠시만 선생님 좀 볼까? 선생님이 도움(나의 욕구)이 필요한데, 엄마들이 소개할 동안만 조용히 기다려줄 수 있을까?"(행동)

아이는 "네."라고 대답했고, 소개가 다 끝날 때까지 정말 조용하게 기다려주었습니다. 그날 수업은 그걸로 끝낼 수도 있었지요.

부탁 = 욕구 + 원하는 행동

한 엄마가 아이에게 말합니다.

"엄마가 좀 쉬고 싶어." - 엄마의 욕구 : 휴식

엄마는 욕구만 표현했고, 아이는 엄마에게 어떤 욕구가 있는지 이해했습니다.

아이는 "알았어. 엄마 쉬어."라고 말하더니 신발을 신습니다.

"너 지금 뭐 해?"

"엄마 쉬고 싶다며?"

"응, 그런데?"

"나가자, 엄마. 놀러 나가면 쉬는 거잖아."

아이는 엄마가 바라는 것은 이해했지만 그 욕구를 충족시키려면 어떻게 해야 하는지는 몰랐습니다. 엄마가 원한 욕구가 휴식이라면, 그 휴식을 만족시킬 엄마의 방법은 잠시 혼자 잠을 자는 것이었습니다. 엄마가 아이에게 이렇게 말했다면 어땠을까요?

"엄마 30분만 잘게. 휴식이 필요하거든. 그동안 우리 딸, 텔레비전 보며 기다려줄 수 있을까? 텔레비전을 보는 동안 엄마를 가만히

두는 거야. 어때?"

부탁의
대상에 대해

이런 부탁은 상대는 물론 자신에게도 할 수 있습니다. 남들이 무언가를 해주기를 바라는 것만이 아니라 스스로에게 해주는 것도 부탁이니까요.

저는 늘 사랑받고 싶었습니다. 그래서 저를 더 사랑해주지 않은 부모를 원망했고 때로 저를 뿌리친 아이를 원망했지요. 그런데 이제는 저를 사랑해주기 위해 매일 안아주고 팔을 토닥토닥 두드려주기도 하고 소리 내어 수고했다는 말도 합니다. 저의 욕구였던 사랑을 충족하기 위해 그런 작은 행동들을 하면서 알게 된 것은, 꼭 상대가 해주지 않아도 마음이 조금은 편안해진다는 사실입니다.

공감톡

'부탁 = 욕구 + 행동으로 말하기'를 연습해보아요.

예) 엄마는 도움이 필요해.
→ 엄마가 도움을 받고 싶은데(욕구), 저녁 준비할 때 가족 수대로 숟가락과 젓가락을 식탁 위에 놔줄 수 있을까? 그리고 먹은 그릇이랑 수저는 설거지통에 넣어주면 좋겠는데, 어때?(행동)

나는 이해받고 싶어. (친구나 남편에게)
→ _____

나는 내 인생이 지금보다 즐거우면 좋겠어. (자신에게)
→ _____

나는 협조가 필요해. (가족들에게)
→ _____

CHAPTER.2

우리 아이
이해하고 공감하기

01
아이에게 고마운 마음
전달하기

"잘했어."라는 말 대신

아이를 존중하고 감사하는 마음을 유지하면

마음이 건강한 어른이 됩니다.

대화를 잘하려면 화가 났을 때의 대처가 중요한데, 보통 사람들은 이것을 어려워하죠. 사실 화가 나는 그 순간 대화를 잘하려고 하면 그 노력은 종종 실패로 끝나고 맙니다. 그렇기에 평소 대화 훈련이 필요합니다. 저 역시 화가 난 순간에는 때로 실수를 하고 뒤늦게 후회하곤 합니다. 그러나 이런 차이는 있습니다. 화가 올라와도 예전처럼 거칠게 바로 화를 내는 빈도가 줄고 미안하다는 자기 인정을 솔직하게 하는 빈도가 늘었지요. 그 비결은 화를 제대로 표현하는 훈련을 꾸준히 하는 것도 중요하지만 평소에 감사하는 연습을 하는 것입니다.

감사를 표현하는 대화 훈련은 3가지 점에서 매우 유용합니다.

첫째, 개인적 삶이 만족스럽고 행복해지고

둘째, 화가 날 때도 동일한 과정으로 대화가 가능하며

셋째, 이 연습을 하다 보면 화가 올라오는 사건들이 줄어듭니다.

얼마 전 외국의 응급구조대원 남성이 나온 '테드TED' 강연을 본 적이 있습니다. 수더분하고 덩치가 좀 큰 분이었는데, 교통사고 현장에 나가 사람 구하는 일을 한다고 했습니다. 이분의 윤리적인 갈등 상황은 교통사고 현장에서 자신이 구해내야 하는 사람이 곧 죽을 것이라는 생각이 들 때 이런 질문을 받는 순간이랍니다.

"저 살 수 있나요?"

이때 자신의 생각대로 죽을 것 같다고 해야 하는지, 용기를 주기 위해 살 수 있다고 해야 하는지 늘 고통스러운 갈등을 경험했다고 합니다. 처음에는 죽을 것이 분명해도 살 수 있다고 말했는데, 그 결과가 그리 평온하지 못해 그다음부터는 자기 경험에 비추어 솔직하게 의견을 얘기했다고 합니다.

"지금 이 순간이 당신의 마지막 시간 같습니다."

그러자 사람들은 담담히 사랑하는 사람들에게 미안하다는 말과 사랑한다는 말을 했다고 합니다.

가장 익숙한
방식의 칭찬

상상을 해보았습니다.

'만약 내게 그런 일이 생기면 나는 그 순간 누가 먼저 생각날까?'

가장 먼저 열여섯 살이 된 아들이 생각날 것 같았습니다. 12년 동안 둘이 살면서 아들은 저에게 무척 특별한 존재가 되었지요.

여러분은 누가 떠오르나요? 그 사람을 칭찬한다면 뭐라고 할까요?

대화 훈련에 참여한 한 남성은 "저는 우리 딸이 생각날 것 같습니다. 참 사랑스럽거든요."라고 말했습니다. 이처럼 우리는 평소에 표현하지 않았지만 조금만 시간을 주면 사랑하는 아이들에게 칭찬의 말을 할 수 있습니다.

깊이 와닿는
감사의 방식

1. 관찰한 대로 묘사하기

딸이 생각날 것 같다는 남성에게 말했습니다.

"선생님께서 따님이 사랑스럽다고 생각한 그 순간의 기억을, 있는 그대로 혹은 보거나 들은 그대로 묘사해보시겠어요?"

잠시 생각에 잠겼던 그분이 조용히 말을 시작했습니다.

"제가 무척 힘든 어느 날이었습니다. 팀장님과 언짢은 일이 있었던 터라 마음이 복잡하고 피곤해 짜증이 난 상태였죠. 그런 마음으로 집에 들어갔는데, 현관문을 열자 딸이 맨발로 뛰어왔습니다. 타다다닥 소리를 내며 달려와 '아빠'라고 부르더니 제 허벅지를 끌어안고 다리에 얼굴을 비비면서 활짝 웃었어요. 제가 안아주려고 팔을 벌리자 폴짝 뛰어 저에게 안겼지요. 그러면서 제 뺨에 뽀뽀를 하고 '보고 싶었어, 아빠.'라고 말했습니다."

그 말을 듣고 있던 다른 사람에게 물었습니다.

"어떤 상황인지 그림이 그려지시나요? 영화 속의 한 장면처럼 보이나요?"

그러자 그 사람은 고개를 크게 끄덕이면서 말했습니다.

"네. 그러네요. 참 예쁜 따님 같습니다. 부럽습니다. 저는 아들만 있는데, 이젠 다 커서 제가 아들 방으로 들어가 인사합니다."

우리는 모두 크게 웃었습니다.

처음에 딸이 사랑스럽다고 칭찬한 것이 평가라면, 뒤에 딸의 모습을 묘사한 것은 관찰입니다. 칭찬하고 싶다면 본 그대로, 들은 그대로. 즉 자신이 관찰한 바를 묘사하는 겁니다. 관찰은 아주 구체적입니다. 관찰한 바를 묘사하면 듣는 사람 머릿속에도 그림이 그려져 상대도 그 말을 납득하게 되고 감동을 느낍니다.

2. 마음에서 올라오는 고마움 표현하기

기억 속에 있는 사건을 떠올려 그것을 있는 그대로 묘사하다 보면 자연스럽게 상대에게 고마운 마음을 느낍니다. 그리고 행복해지지요. 이것이 바로 묘사의 선물입니다. 그 마음을 상대에게 표현할 수도 있죠. 이것이 바로 감사를 표현하는 두 번째 방식입니다.

"우리 딸은 정말 상냥하고 사랑스러워." 대신 "아빠가 집에 들어올 때 네가 마루에서부터 다다다다 발자국 소리를 내면서 달려와 아빠 허벅지를 꽉 안고 얼굴을 막 비비고 아빠한테 안겨서 보고 싶었다고 말했잖아. 그때 아빠 참 행복했어."라고 말한다면, 아이는 아빠가 왜 행복했는지 이해할 것입니다. 자신이 사랑스럽다는 평가에 집중하기보다 자신의 행동이 아빠의 행복에 기여한 의미를 발견하는 거지요.

3. 상대의 행동이 내 삶에 미친 영향력 표현하기

"아빠가 퇴근하고 왔을 때 네가 저쪽에서부터 다다다다 뛰어와서 아빠 허벅지를 끌어안고 아빠 허벅지에 얼굴을 막 비비고 아빠한테 안겨서 보고 싶었다고 말했을 때 아빠는 정말 행복했어. 아빠가 오늘 많이 힘들었는데 네 덕분에 힘이 생겼어. 왜냐하면 이렇게 아빠가 사랑받고 있다는 걸 깨달았거든."

우리는 의미 있는 존재가 되고 싶어 합니다. 아이들도 그렇습니다. 그래서 아이들은 언제나 부모를 향해 마음을 열어놓지요. 부모를 기쁘게 해주고 싶어 하고요. 우리의 이런 감사 표현은 아이들에게 자신의 행동이 엄마 또는 아빠에게 의미가 있고, 자신이 영향을 주었다는 것을 알려주는 계기가 됩니다.

단순한 칭찬에는 "잘했어."가 따라오지만, 감사에는 "고마워."가 따라옵니다.

감사하다면 생각만 하지 말고
직접 표현하기

저는 가끔 이런 생각을 합니다. '오늘이 나의 마지막 날이라면 아들에게 어떤 말과 행동을 하게 될까?' 그러면 그 깊은 고통을 경험하지 못했으니 제대로 알 턱이 없지만, 조금이라도 덜 후회하는 삶을 살고 싶다는 생각이 듭니다.

소중한 오늘 하루를 후회 없이 사는 연습은 그래서 정말 중요합니다. 이때 가장 필요한 것이 감사입니다. 마침 목이 말랐는데 아이가 물을 떠다 주면 "엄마가 아무 말도 안 했는데 이렇게 물을 갖다줘서 진짜 고맙다. 마침 목이 말랐는데 네 덕분에 정말 시원해." 이 한마디를 해주는 거예요. '아, 우리 아들 잘 키웠네.' 하고 혼자 속으로 생각할 게 아니라 아이가 한 행동을 관심 있게 보고 자세히 표현할 필요가 있습니다.

생각해보면 아침에 나갔던 아이가 다시 돌아오는 것은 삶의 기적입니다. 당연하게 여기면 감사할 일이 없지만 하나씩 민감하게 생각해보면 모든 것이 기적처럼 고맙지요. 그래서 훈련이 필요합니다. 일일이 말하는 게 부끄럽기도 하지만 부모가 보고 들은 대로 아이에게 묘사해주고 고마워하면 됩니다. 그러면 아이의 마음에 훨씬 깊이 닿을 수 있습니다.

당연하게 여기면 감사할 일이 없지만
하나씩 민감하게 생각해보면
모든 것이 기적처럼 고맙지요.

우리는 평소 '옳다', '그르다'에 맞춰 모든 것을 판단하느라 참 바쁜 삶을 삽니다. 아이의 행동이 옳은지 그른지 분석하고, 그르면 야단을 쳐서라도 고치기 바빠 고마운 일은 잘 생각하지도 않고 의식하지도 못합니다. 특히 부주의하고 충동성이 강하다는 진단을 받은 아이의 엄마들은 아이가 학교에서 돌아올 때 겁이 납니다. 이럴 때 생각을 달리해보면 어떨까요. '우리 아이는 전쟁터에서 살아 돌아왔다. 사지육신 멀쩡하게 돌아왔으면 됐다. 오늘의 사건 사고는 그다음에 해결하면 된다.'라고 말이에요.

아이들은 저마다 성격과 특징, 정서적으로 감정을 처리하는 기술들이 다르기 때문에 학교나 학원에서 많은 비난과 평가를 듣고 올지도 모릅니다. 내 아이가 집에서만이라도 평가에서 벗어나 쉽게 해주고 싶은 게 모든 엄마의 마음일 거라 생각합니다. 아이가 오기 전, 그런 휴식 같은 엄마가 되고 싶다고 한 번 더 다짐해보면 어떨까요. 아이가 잘했는지 못했는지 궁금해하지 말고 오늘도 무사히 집에 온 아이를 꼭 안아주세요.

당연하다고 여겼던 일이 당연한 게 아니라는 사실을 깨달으면 진심으로 감사할 수 있게 됩니다. 지금 당신 옆에 있는 아이가 바로 그런 존재입니다.

공감톡

다음 순서대로 하루를 마무리해보세요.

1) 하루 일과를 다 마친 후 가장 편안한 혼자만의 장소로 갑니다.
→ 화장대 앞 / 베란다 창가

_____

_____

_____

_____

2) 오늘 하루 중 '자더라도 만족스러웠던 사건 하나'를 생각해봅니다.
→ 오늘 아이가 유치원에서 집에 왔을 때 기분이 참 좋았어.

_____

_____

_____

_____

3) 그 사건을 '본 그대로, 들은 그대로 묘사하여' 말해봅니다.

➜ 오늘은 날씨가 하루 종일 맑았고, 아이랑 손잡고 들어오는데 바람이 불어 뺨이 시원했어. 이마에 맺힌 땀방울이 다 식어갔고, 집 앞 가게에서 산 옥수수를 같이 먹으면서 길을 따라 걸어왔지. 그 길에서 아이가 유치원 간식이 맛있었다면서 나에게 "엄마 최고."라고 해줬어.

4) 3의 그림 같은 묘사를 떠올릴 때 자신의 감정을 '느낌 목록(284쪽)'에서 찾아봅니다.

➜ 나는 행복했어. 아주 소소한 행복감이었고 마음이 따스했어.

_____

_____

_____

_____

5) 그 사건 · 사람 덕분에 만족스러웠던 것이 무엇인지 '욕구 목록(282쪽)'에서 찾아봅니다.

_____

_____

_____

_____

➜ 아이가 그렇게 말했을 때 내가 노력하고 있는 가정에서의 일들이 참 보람 있다는 것을 발견했어. 아이가 건강하게 자라고 있다는 확신이 들어 안심한 것 같아. 아이 덕분에 그런 의미를 발견할 수 있었네.

그리고 아이에게 다음 날 얘기해보세요.
이때 아이가 알아들을 수 있는 쉬운 용어, 표현으로 바꿔서 말해주세요.

02
미안한 마음
솔직하게 인정하기
"어쩔 수 없었잖아."라는 말 대신

미안하다고 말할 수 있는 용기를 가지는 것,

그것이 진짜 자존심을 지키는 방법입니다.

미안하다고 말하면서 자기변명에 빠지는 것은

자신의 내면에서 올라오는 양심과 진실의 목소리를

외면하는 것입니다.

아이 낳고 직장을 그만두었어요. 아이는 제 손으로 키워야 한다고 생
각했거든요. 물론 지금도 그런 마음이에요. 그런데 아직 어린 아이를
돌보다 보니 하루에도 수십 번씩 감정이 오르락내리락해요. 친구들이
나 예전 동료들 소식을 들으면 문득 제 자신이 초라하고 도태되는 느
낌이 들면서 제 미래에 대한 불안감에 휩싸이죠. 그럴 때는 늦게 귀가

하는 남편도 원망스러워요. 아이가 어려서 아직 손이 많이 가는데, 이 시간이 끝도 없을 것만 같아요. 지난주에는 남편이 금요일에 술을 아주 많이 마시고 와서는 토요일에 약속한 놀이공원에 못 가겠다고 했어요. 아이는 보채기 시작했죠. 저는 한숨만 쉬다가 아이에게 큰소리를 냈어요.

"엄마도 어쩔 수 없잖아. 아빠가 못 가는 걸 어떡해. 다음에 가."

아이를 생각하면 미안하고 마음이 안 좋지만 어쩔 수 없었어요. 유치원에라도 가면 시간이 생길 텐데 24시간 같이 있다 보니 아이에게도 막 짜증을 내게 돼요.

잘못을 따지는 것보다 중요한 것은 무엇일까

이 엄마는 마음속에 억울함이 있을 것입니다. 아이와의 약속을 지키지 못한 것은 남편 책임이 크기 때문이지요. 몸도 마음도 많이 지쳤을 테고요. 그래서 남편에게는 서운하고, 보채는 아이 앞에서는 억울할 겁니다. 충분히 이해되고 동의되는 부분입니다.

살다 보면 이런 일이 참 많습니다. 자기 잘못이 아닌 일로 공격받을 때도 있고, 억울한 마음을 토로할 사람이 없어 마음이 답답한 경우가 많지요. 우리는 어려서부터 누가 잘못했으며 누가 그 책임을 지고 해결해야 옳은지를 밝히는 환경에서 자라왔습니다. 친구끼리 다투어도 "누가 먼저 그랬어?"라고 묻는 어른들을 보아왔고, "네가 잘못했네."라고 결론 지어주던 어른들을 보면서 자랐습니다. 그러나 어른이 되면서 배운 것은 인간관계에는 책임을 따지며 논박을 해도 결론을 짓지 못하는 문제가 너무 많다는 사실입니다. 서로 다른 관점, 즉 자기 입장에서 생각하고 말하는 대화를 통해서는 문제를 해결하고 조율하기가 너무 어렵기 때문이지요.

관계를 맺을 때 매우 중요한 능력 중 하나는 서로의 잘잘못을 따지는 것보다 서로가 원하는 것을 조율할 수 있는 능력입니다. 성인끼리도 쉽지 않지만 어린 자녀와 갈등이 생겼을 때는 서로 만족할 만한 방법을 찾고 조율하기가 더욱 힘듭니다. 아이가 아주 어린 경우, 자신보다 약한 아이의 욕구가 적절하게 채워질 수 있도록 먼저 힘을 쏟으세요. 아이는 아직 엄마의 입장을 배려할 수 없으니까요. 그렇게 자신의 욕구가 충족된 아이들은 자연스럽게 상대를 신뢰하고, 커가면서 상대의 입장을 잘 헤아리는 능력을 갖게 됩니다.

책임을 떠나
아이의 마음 들여다보기

하루 종일 육아에 집중한다는 것은 무척 힘든 일입니다. 게다가 '육아는 행복한 것'이라는 관념이 부모로 하여금 더욱 죄책감이 들게 하지요. '나는 소중한 내 아이를 키우는 엄마이고 이것은 축복받은 일인데 왜 힘들까?'라는 생각이 들기 시작하면 금세 죄책감을 느낍니다. 죄책감은 사실 피하고 싶고 느끼고 싶지 않은 감정입니다.

남들에게 과도하게 친절하려 애쓰는 사람들은 미안하다는 말을 하기 싫어합니다. 그 말을 하지 않기 위해 먼저 노력하고 최선을 다하지요. 그만큼 죄책감으로부터 멀어지고 싶은 것입니다. 다시 말하면 책임을 느끼거나 잘못에 대한 책임을 지는 것을 힘들어하지요.

죄책감을 떠나 아이의 마음에 머물러보면 어떨까요. 아이는 주말에 엄마, 아빠의 손을 잡고 즐거운 곳에서 재미있게 놀기를 기다리고 있었을 겁니다. 아이는 아직 어려서 엄마의 마음을 헤아리거나 아빠의 숙취를 이해하기 힘듭니다. 육아에 지친다는 게 어떤 건지, 술을 마셔서 괴로운 게 어떤 건지 알 수 없지요. 아이의 마음은 오로지 즐거운 놀이에 대한 욕구가 좌절돼 슬프고 서운한 것입니다. 하지만 우리는 배우자를 탓하거나 다른 곳에서 책임을 따지고 해결하느라 바빠 아이의 마음을 헤아리지 못했지요.

성숙한 조율의 능력

이 사례의 엄마는 어떻게 해야 할까요?

먼저 좌절된 아이의 마음을 헤아리고 사과해야 합니다. 아이와의 약속을 지키지 못했을 때 부모가 해야 하는 첫 번째 일입니다. "아들, 많이 기다렸을 텐데 지금 바로 놀이공원에 가지 못하게 되어서 미안해."라고 말입니다. 엄마 잘못이 아니라 아빠 때문이라는 말은 아이에게 전혀 도움이 되지 않습니다.

그다음에는 아이와 함께할 수 있는 다른 일을 찾아보는 겁니다. 놀이공원에 가지 못하는 대신 아이와 함께할 수 있는 '즐거운 일'을 찾고, 언제 놀이공원에 갈 수 있는지에 대해 얘기를 나누면 더욱 좋겠죠.

지치고 힘들어서 순간순간 '왜 모든 것을 내가 짊어지지? 내 인생은 어디에 있는 거지? 나는 언제 나로 살아가지?'라는 생각이 들 수 있습니다. 맞습니다. 아이를 낳아 키우다 보면 문득문득 엄마가 아닌 자신의 삶은 놓치고 있는 기분이 들기도 합니다. 두려워지기도 하죠. 그러나 인간은 누군가의 지극한 보살핌을 필요로 하는 존재, 한없이 연약한 존재로 세상에 오죠. 저는 지치고 힘들 때, 엄마라는 존재에 대해 생각해봅니다. 세상에 보내진 한 연약한 존재를 돌보는 엄마라는 역할에 대해 말이지요. 그런 고귀한 엄마라는 단어를 떠올리고 조용히 생각해보면, 제 자신이 엄마라는 사실을 받아들이게 됩니다.

아이가 조금 더 클 때까지는 아이가 잘 때 엄마도 좀 쉬어가며 체력도 비축하고 가능하다면 주변의 도움을 받는 것도 좋습니다. 그럴 때 휴식도 취하고 즐거운 일도 하면서 말입니다. 우리가 자신의 몸과 마음의 리듬을 잘 돌보지 못하면, 힘든 자신을 이해하지 못하고 도와주지 않는 사람들에게 점차 서운해지게 마련이지요. 자신을 돌보고 보살피는 여유를 찾아나가는 노력과 더불어 아이들이 좀 더 클 때까지는 아이 입장에서 생각해보는 것은 어떨까요. 분명히 그 노력은 헛되지 않을 것입니다.

공감톡

약속을 지키지 못했을 때는
아이의 마음에 머물러 생각해보고 사과해주세요.

예) "어쩔 수 없는 건데 왜 이러니?" → "기대했을 텐데 못 하게 되어 정말 미안해."

_____

_____

아이와의 약속을 지키지 못했을 때는
대안을 고민해주세요.

예) "다음에 가면 되지." → "지금 할 수 있는 다른 일을 생각해보자."

_____

_____

03
아이의 요구에
명료한 의견 주기

"나중에."라는 말 대신

책임지기 싫거나 귀찮을 때 부모가 취하는 모호한 태도는

아이들의 마음에 혼란과 불신을 낳습니다.

아이들의 가슴에 신뢰를 남길 때 아이들은 믿을 만한 어른이 됩니다.

어린 시절, 저는 아빠와 같이 살았고, 엄마는 가끔 만날 수 있었습니다. 엄마와 만났다 헤어질 때면 엄마에게 "엄마, 다음에 언제 와?"라고 물었고, 엄마는 "응. 나중에 또 올게."라고 말했습니다. 저는 멀어지는 차를 보면서 애절한 마음으로 발만 동동 구르다 집으로 들어가곤 했습니다. 이후 '나중에'라는 말은 저에게 남다른 감정으로 남았고, 어린 시절의 아픈 기억 때문에 저는 아이를 키우며 '나중에'라는 말은 거의 하지 않았습니다.

마트에 가면 "엄마 이거 사줘.", "이거 갖고 싶어."라는 어린아이의 손을 잡아끌며 "나중에~."라고 말하는 엄마들을 심심치 않게 봅니다. 이 말을 들으면 저도 모르게 발이 멈추고 아이와 엄마를 조심스럽게 관찰하게 됩니다. 엄마로부터 그 말을 들은 아이들의 표정이 그리 행복해 보이지는 않습니다. 어떤 아이는 포기하고 조용히 엄마를 따라가는가 하면 어떤 아이는 적극적으로 "나중에 언제?"라고 묻기도 합니다. 그런 아이에게 엄마는 정확한 대답을 주지 않고 모른 척하며 다른 물건을 고르거나, 조금 큰 목소리로 "나중에 얘기해! 엄마 지금 바쁘잖아."라고 말하며 가버립니다.

신용과 신뢰라는 중요한 가치

약속을 잘 지키는 사람들이 있습니다. 작고 사소한 약속도 잊지 않는 사람들을 보면 존경스럽고 믿음이 갑니다. 또한 그런 행동이 한 번이 아니라 오랫동안 반복적으로 이루어지면 우리는 그런 사람을 "신용이 있다."라고 하지요. 신용은 비즈니스 관계에서 서로가 한 약속을 잘 지켜내는 과정을 통해 형성되는 조건적인 믿음입니다.

그러나 부모와 자식은 신용의 관계가 아닌 신뢰의 관계입니다. 부모는 자식을 낳아서 양육하는 동안 꼭 자신의 아이를 믿어야 합니다. 자식을 키우다 보면 속을 때도 많습니다. 때로 아이들은 부모를 속이고 거짓말도 하지요. 걱정되고 불안하고 화가 날 때가 많지만 그래도 부모는 대개 아이들을 용서합니다. 가슴이 아파도 용서하고 사랑하며 믿어줍니다. 아이들이 눈물을 흘리며 "엄마 죄송해요."라고 말하면 괘씸했던 마음이 눈처럼 녹아내려 바로 아이를 안아주죠. 무조건 아이를 믿는 '신뢰'라는 마음은 부모가 자식에게 주는 선물이자 성숙한 사랑입니다. 왜냐하면 우리 아이들은 그것을 사랑이라 믿으며 배우고 자라 자신들이 부모가 되었을 때 자기 자식들에게 되돌려주기 때문이지요.

다만 아이들이 성장할 때는 조금 다른 접근과 이해가 필요합니다. 아이들은 부모가 보여주는 모습을 통해 부모에 대한 신뢰와 관계에 대한 신뢰를 배우기 때문에 부모의 말과 행동이 참 중요합니다. 아이의 마음에 신뢰를 심어주는 말과 행동이 먼저입니다.

'대상영속성'이라는 개념이 있습니다. 대상이 눈에 보이지 않아도 존재한다는 것을 알고 믿는 개념입니다. 우리는 거실에 있던 아이가 자기 방으로 들어가면 아이가 그 방에 있다는 것을 압니다. 하지만 아이들은 태어나서 2세까지는 이런 개념을 모릅니다. 이때는 엄마가 눈에 보이지 않으면 사라졌다고 여깁니다. 그래서 엄마가 눈앞에서 사라지자마자 입을 씰룩거리며 울먹거리다가 엄마가 다시 나타나면 바로 안심하며 눈물을 그치지요. 아이들은 그렇게 엄마가 나타나면 안심하고, 그 뒤로는 잠시 엄마가 보이지 않아도 바로 울지 않고 고개를 돌려 엄마를 찾으려 합니다. 거기에서 더 발전하면 엄마가 보이지 않아도 혼자 잘 놀다 엄마가 나타나면 반갑게 웃습니다. 엄마가 잠깐 방을 나가더라도 다시 돌아온다는 것을 알기 때문입니다. 엄마가 눈에 보이지 않아도 존재한다는 것을 알지요. 꼭 엄마가 아니더라도 이 시기에 일관된 보호자가 아이에게 지속적으로 안정감을 주면 대상영속성의 개념이 자리 잡게 됩니다.

모호한 말에서 오는 책임 회피

아이들은 세상의 전부인 엄마, 아빠의 말을 믿고 기다립니다. 때로 그 기다림이 길게 느껴져 슬프고 화가 나더라도, 기다림의 끝이 언제인지를 명확히 알 때와 모를 때의 마음가짐은 엄연히 다릅니다.

워킹맘들은 출근할 때마다 "엄마 언제 돌아와?"라고 묻는 아이의 슬픈 얼굴 때문에 마음 아픈 적이 많을 것입니다. 마음은 아프지만 이렇게 규칙적으로 매일 엄마가 일하러 가는 경우에는 아이들도 금세 적응합니다. 하지만 늘 엄마와 붙어 있던 아이들은 엄마가 자신을 놓고 나가면 많이 불안해합니다. 이럴 때 많은 엄마가 "금방 와.", "잠깐만 있으면 돼."라고 말하는데 아이들은 '금방'이 언제인지, '잠깐'이 언제인지 모릅니다. 그래서 '엄마가 생각하는 잠깐' 뒤에 엄마가 돌아오면 아이는 울면서 화를 내기도 하지요. "금방 온다고 했잖아. 엄마 미워!"라면서요.

아이들이 무언가를 부탁할 때도 모호한 답을 하는 부모가 참 많았습니다. 아이들에게 "나중에."라고 말한 많은 상황 속에는 어쩌면 책임지고 싶지 않은 마음이 있지 않았을까요? 아이들에게 정확히 말하면 그 말에 책임이 따르기 때문에 회피한 것은 아닌지 생각해볼 필요가 있습니다. 부모가 되는 데는 책임이 따르고, 그 책임을 이수하는 과정을 통해 부모도 성장합니다. 그래서 그 과정이 때로 어렵더라도 노력할 필요가 있습니다.

모호한 말 대신 구체적인 설명으로

아이들이 엄마를 신뢰하게 하려면 어떻게 말해야 할까요?

예를 들어 마트에서 아이가 장난감을 사달라고 조른다면, 그 상황을 모면하기 위해 대충 "나중에."라고 말하기보다는 시간이 걸리더라도 아이에게 구체적으로 설명하는 것이 좋습니다. 먼저 아이의 말에 응할 것인지 거절할 것인지를 선택하고, 마음은 Yes지만 현실적으로는 No라면 일단 "No"라고 해야 합니다. 이때 중요한 것은 그 이유가 분명해야 한다는 점입니다. 모든 것을 다 해주고 싶은 것이 엄마 마음이지만, 아이들은 엄마의 말과 행동을 통해 신용과 신뢰를 배워가는 만큼 "한 달 후 네 생일날." 또는 "크리스마스 때."라고 구체적으로 언제 사줄지를 정하고 그 약속은 꼭 지켜야 합니다.

사회생활을 하다 보면 사람들과 "언제 한번 봐요."라고 인사를 건넬 때가 많은데, 우리는 상대로부터 이 말을 듣거나 자신이 하면서도 실은 이루어지지 않을 가능성이 높다고 생각합니다. '이 만남은 여기서 끝이겠구나.'라고 생각하는 경우도 많죠. 그런데 어떤 사람

마트에서 아이가 장난감을 사달라고 조른다면,
　　그 상황을 모면하기 위해
대충 "나중에."라고 말하기보다는 시간이 걸리더라도
　　　아이에게 구체적으로 설명하는 것이 좋습니다.

은 다이어리를 꺼내 만날 약속을 잡지요. 그러면 그 사람에게는 허튼 소리를 하지 않게 됩니다. 마찬가지로 아이와 대화할 때도 "Yes"라면 구체적으로 언제인지, 그리고 "Yes"의 조건이 있다면 그것이 무엇인지 말해줘야 합니다. 아이들이 그 물건을 사기 위해 얼마만큼의 용돈을 모아야 한다면 그것도 분명히 제시해줄 필요가 있습니다. 순간을 모면하기 위해서 "나중에."라고 말하는 대신 일관성 있고 신용 있게 이야기하는 것이 효율적입니다.

공감톡

아이가 자꾸 떼를 쓰거나 무언가를 요구할 때
아이의 요구에 "Yes"를 할지 "No"를 할지 선택해주세요.
선택의 이유를 구체적으로 설명해주세요.
예) "나중에 사줄게." ➔ "한 달 후 네 생일날." or "크리스마스 때."
"엄마 언제 와?" ➔ "시곗바늘 중 긴 바늘이 2와 3 사이에 갈 때 올게. 조금 더 늦어지면 꼭 전화할게."

_____

_____

04
아이를 보호하며
남의 것, 내 것 알려주기
"경찰 아저씨한테 가야겠네!"라는 말 대신

아이들은 수치심과 두려움이 아니라
생각할 수 있는 기회를 통해 건강하고 바르게 성장합니다.

어느 날 아이와 함께 마트에서 장을 보고 차에 탔는데 아이가 사탕을
먹고 있었어요. 저는 사탕값을 낸 기억이 없었어요. 그래서 아이에게
그냥 가져왔느냐고 물어보니 땅에 떨어진 걸 주웠다고 했어요. 제가
계속 물어보니 아이는 울면서 땅에 떨어진 걸 주워왔다고만 했어요.
저는 의심의 끈을 놓지 못하고 "한 번만 더 그러면 엄마한테 혼나. 그
땐 경찰서에 갈 거야."라고 말했어요.
일관성을 갖고 아이를 키우려 하는데, 이럴 땐 솔직히 어떻게 해야 할
지 모르겠어요.

유아기 아이들은 상대방의 입장을 배려하거나 헤아리는 능력이 약합니다. 사고 자체가 자기중심적이라 내 것 혹은 남의 것이 없고, "나 줘."라는 말 대신 "재연이한테 줘."라는 식으로 스스로를 3인칭화하기도 합니다. 그러다 보니 때로 어떤 물건이 판매하는 것이고, 그걸 가져오는 건 옳지 않음을 판단하지 못하기도 합니다. 본능적으로 갖고 오면 안 된다는 것을 아는 듯 눈치를 보기도 하고, 그냥 아무 생각 없이 자신의 본능에 충실해 갖고 오기도 하는데, 그 행동의 결과를 어른의 수준으로 예측하는 능력이 없어서입니다. 그러다 보니 자기가 가지고 싶은 것을 '도둑질'이라는 개념 없이 슬쩍 가져오게 되죠. 그럴 때 엄마의 기준으로 아이를 다그치고 화를 내면 대부분의 아이들은 위축되어 거짓말을 하게 됩니다.

남의 물건을 가져오는 아이, 어떻게 하면 좋을까

이럴 때 즉시 해결할 수 있는 상황이라면 엄마가 어떻게 해야 하는지 잘 가르쳐주고 보여주면 됩니다. 그러나 엄마가 자신의 감정을 조절하지 못하고 너무 화를 내거나 지나치게 불안해하면 아이가 놀라거나 당황할 수 있습니다. 어른이 다그치거나 과도하게 반응하면 아이는 본능적으로 숨기기 때문입니다.

문제가 생겼을 때 해결하는 방법은 간단합니다.

첫째, 아이에게 이건 네 것이 아니고 주인이 있다는 것을 알려주세요. 아이가 울겠지만, 그래도 돌려줘야 한다는 걸 알려줘서 처벌을 받는 게 아니라 옳은 방식으로 서로의 물건을 잘 지킬 수 있도록, 남의 물건을 잘 돌려줄 수 있도록 가르치는 게 중요합니다.

둘째, 옳은 것이 무엇인지 생각하고 행동으로 보여주면 됩니다. 막대사탕 정도의 물건이라면, 마침 아이가 먹고 있고 이미 마트에서 나와 이동 중이라면 고민할 수 있습니다. 아이한테 옳은 게 아니라고 말하고 야단도 쳤는데 다시 돌아가자니 귀찮기도 해 마음속에 갈등이 일기도 하지요. 이렇게 아이가 남의 물건을 가져왔을 때는 먼저 선택해야 합니다. 편한 것을 선택할 것인가, 옳은 것을 선택할 것인가 중 하나를 말입니다.

제 아이가 어릴 때 키즈 카페에 간 적이 있습니다. 아이가 다니던 놀이학교 옆에 있어 자주 가던 곳이었죠. 그날도 키즈 카페에서 신나게 놀고 집으로 걸어가는데 아이 손에 뭐가 있었어요. 확인해보니 아주 작은 레고 사람 인형이었습니다. 그런데 아이가 그걸 보여주는 걸 머뭇거려 직감적으로 키즈 카페에서 가져왔다는 걸 알았어요. '아. 얘가 훔쳤구나.'라는 생각이 들었어요.

아이에게 어디서 났느냐고 물으니 주웠다고 대답했어요. 아이에게 "네 것도 아닌데 가져오면 어떡해!"라며 길에서 화를 냈어요. 솔직하게 대답하라고 다그쳤죠. 그러자 아이가 키즈 카페 바닥에 떨어진 걸 주웠다고 했어요.

그 순간 저는 고민했어요. 이렇게 작은 걸 다시 돌아가서 돌려줘야 하나, 이런 아이가 한두 명이 아닐 텐데. 결국 저는 귀찮은 마음을 물리치고 발걸음을 돌렸습니다. 아이를 데리고 키즈 카페에 가서 주인에게 "제 아이가 가게에 있는 것을 주워왔어요."라며 아이에게 면박을 주었죠. 그래야 아이가 다시는 그런 행동을 하지 않을 거라 생각했어요. 그러나 돌려준 건 잘한 일이지만, 길에서 아이에게 화를 내고 아이를 도둑 취급하며 수치심과 두려움을 주었던 건 지금도 후회가 됩니다.

아이가 옳지 못한 행동을 했을 때 바로 해결할 수 있는 상황이 있고 바로 해결할 수 없는 상황도 있기 마련입니다. 어떤 상황이든 아이를 가르치겠다며 너무 다그치거나 죄인으로 만들지 않는 것이 좋습니다.

아이가 남의 물건을 가져오면 엄마는 당황스러울 수밖에 없지요. '얘가 왜 이런 짓을 하지? 어쩌지?'라는 생각에 불안해지고 현명하게 판단하는 여유를 상실할 수 있습니다.

아이가 자신의 것이 아닌 물건을 갖고 있다면 아이와 눈을 맞추고 차분히 물어보세요. 아이는 "실내 놀이터에서 주웠어.", "누가 버리고 간 것 같아서 갖고 왔어."라고 말할지 모릅니다. 그러면 아이에게 다른 사람의 물건은 그 사람의 동의를 얻은 뒤 가지고 오는 거라고 알려주세요. 그런 다음 그것이 누군가에겐 소중하고 중요한 물건일 수 있다는 이야기를 해주고, 다 같이 가지고 노는 물건이라면 가지고 논 다음 다시 제자리에 돌려놓아야 한다고 알려주세요. 어떤 경우라도 우리의 목적은 '아이에게 옳은 방식 알려주기'라는 것을 기억해야 합니다. 아이가 몰라서 그러는 것이니 어른의 기준으로 판단하지 말고 '나의 것, 남의 것의 개념'을 알려줄 수 있는 기회라고 생각하면 어떨까요.

아이들은 왜 옳지 않은 줄 알면서도 남의 물건에 손을 댈까

초등학교 고학년쯤 되었는데도 아이가 다른 사람의 물건을 가져온다면, 아이의 마음이 어떤지, 관심받고 싶은 표현은 아닌지 생각해볼 필요가 있습니다. 물론 남의 물건을 갖고 온다는 것이 법적으로나 윤리적으로 큰 문제가 되는 행위라는 것을 알 나이이고, 유아기 때 그저 먹고 싶다는 생각에 가져온 막대사탕과는 달라 그 행위를 합리화할 수는 없지만 정서적으로 이해해줄 필요는 있습니다.

겁이 나고 불안하고 걱정도 되겠지만 아이가 관심을 받고 싶은가, 사랑이 필요한가, 돌봄이 더 필요한가에 대해 생각해보세요. 옳지 않은 행동을 용인해주라는 게 아니라 다른 동기나 의도가 있는지 생각해보자는 것입니다. 아이를 옳은 방향으로 잘 지도하고 싶다면, 아이가 어떤 행동을 했을 때 왜 그런 행동을 했는지 공감해주는 것도 상당히 중요합니다.

공감톡

아이가 다른 사람의 물건을 말없이 갖고 왔을 때
아이와 함께 차근차근 그 상황을 풀어보세요.

○ 아이가 다른 데서 어떤 물건을 집어왔다면 어디서 난 것인지 물어보고,
  변명일지라도 아이의 말을 끝까지 들어주세요.
  "이 물건은 엄마가 산 게 아닌데? 어떻게 된 건지 지금 말해줄 수 있을까?"

○ 아이의 마음을 공감해준 후 옳지 않은 행동이라는 것을 알려주고,
  아이와 같이 문제를 해결하세요.
  "갖고 싶었구나. 그럴 수 있지. 하지만 이걸 갖고 오면 다른 누군가는 마음이 아
  플 거야. 특히 주인이라면 말이야."
  "어떻게 해결해볼까?"
  "엄마랑 지금 가서 미안하다고 말하고 주인에게 돌려주고 오자."

○ 이런 행동은 옳지 않다는 걸 한 번 더 알려주세요.
  다시 반복하지 않도록 참아야 한다는 것도 가르쳐주시고요.
  "엄마 말 잘 기억해야 해. 자기 물건이 아닌 것은 꼭 주인에게 물어보고 만지는
  거야. 알았지?"

05
정직의 중요성
알려주기
"너 또 거짓말할 거야?"라는 말 대신

우리는 이런저런 이유로 거짓말을 하고, 아이들은 그 모습을 보며 자랍니다. 웃기면서도 슬픈 사실은, 아이들에겐 정직하게 살아야 한다고 가르치면서 거짓말하는 모습을 보여준다는 것입니다.

누구나 거짓말을
한다는 걸 인정할 때

저희 아이도 자라면서 종종 거짓말을 했습니다. 초등학교 저학년 때인데, 저희 아이가 누구를 때렸다며 담임선생님이 전화를 하셨어요. "어머니, 제가 해결은 했지만 어머니께서 그 집에 죄송하다는 전화를 해주셨으면 좋겠습니다."라고 하시더군요. 그래서 먼저 아이한테 상황을 물어봤죠. 그랬더니 아이는 그 애가 먼저 자기를 쳤기 때문에 맞고 있을 수 없어서 때렸다는 거예요. 저는 상대 엄마에게 전화를 걸어 "많이 아팠을 텐데 정말 미안하다. 그런데 우리 아이도 맞았다고 하더라. 다음부터는 아이들이 사이좋게 놀도록 지도하겠다."고 얘기했고, 그 엄마는 "몰랐는데, 우리 애도 때린 거라면 우리 집에서도 주의를 주겠다. 미안하다." 하고 전화를 끊었어요.

그런데 30분도 안 돼서 다시 전화가 왔어요. 자기 아이한테 물어보니 그 집 아이는 우리 아이를 때린 적이 없었다는 거예요. 그래서 제가 다시 물어보니 저희 아이가 펄쩍 뛰었어요. 자기도 맞았다는 거예요.

저는 상대 엄마에게 "분명히 제 아이는 맞았다고 합니다. 뭐가 진실인지 모르지만 제 아이 말을 믿고 싶습니다."라고 했죠. 그러면서 끊었어요. 좋지 않게 끊은 거죠. '아니, 자기 아들 이야기는 사실이고 우리 아들 이야기는 거짓말이라는 거야?'라는 생각이 들어 좀 불쾌하더라고요.

그런데 그날 저녁에 아이가 사실 자기는 안 맞았다는 말을 했습니다. "그러면 엄마가 전화하기 전에 얘기를 했어야지."라며 목소리를 높였어요. 속으로 '그 엄마가 날 어떻게 생각할까.'라는 생각을 하니 못 견디겠더라고요. 이 문제를 어떻게 해결해야 하나 고민하다, "누구나 거짓말은 할 수 있어. 엄마도 거짓말을 할 때가 있을 거야. 그러나 그게 옳은 일은 아니야. 아까 우리가 이야기한 것처럼 그것이 누군가에게 피해를 줄 수 있기 때문이야. 그러면 어떻게 해야 할까?

용기를 내서 진실을 고백할 수 있어야 해. 엄마가 도와줄게."라고 말하고 그 집에 다시 전화를 걸어 아들이 고백한 대로 전하며 미안하다고 말한 기억이 납니다.

제 아이는 뻔히 걸릴 거짓말을 왜 했을까요? 아마 불안했기 때문일 겁니다. 순간적으로 자기를 보호하고 싶을 때 우리는 거짓말을 하지요. 또 남을 불쾌하게 만들고 싶지 않을 때도 우리는 배려하기 위해 거짓말을 합니다. 장난과 재미로 해보기도 하지요. 때로 아이들은 그 결과가 어떨지 예측하지 못한 채 거짓말을 합니다. 우리는 거짓말에 대해 옳지 않다는 생각을 갖고 있습니다. 그래서 아이들이 거짓말을 하면 크게 불안해하고 걱정하면서 아이들이 고쳐야 한다고 생각하지요.

아이의 거짓말은
성장 과정의 하나

세 살 된 우리 아이가 거짓말을 시작했어요. 밖에 나가면 조금 걷다가 금세 "안아줘, 안아줘."라고 하는 거예요. 저도 힘들고 짐도 있어 "걸어." 그랬더니 얼굴을 막 찡그리면서 "배 아파. 엄마, 배 아파." 그러더라고요. 너무 기막혀 웃고 말았어요. '쟤가 저렇게 연기를 하다니.'라는 생각이 들었죠.

때로 엄마들이 볼 때는 분명히 거짓말이지만 아이한테는 진실일 수 있습니다. 발달 심리학자 캉리는 아이들의 거짓말을 매우 자연스러운 성장 과정 중 하나로 인식했습니다. 그는 오히려 아이들의 거짓말을 타인의 마음을 읽는 능력을 갖추고 자기 자신의 언행과 감정을 조절할 수 있는 능력을 갖게 된 신호라고 해석했습니다. 캉리가 말하는 2가지 능력은 인생을 살아가면서 꼭 필요한 요소입니다.

타인의 마음을 읽는 능력

어떻게 거짓말이 타인의 마음을 읽는 능력과 연결될 수 있을까요? 우리는 자신이 말하고자 하는 내용을 상대가 모를 거라는 전제 아래 거짓말을 하지요. 제 아이도 아마 제가 자신의 거짓말을 알아채지 못할 거라 생각했을 겁니다. 제 마음을 읽고 자신도 피해자라는 이야기를 할 수 있었던 것이죠. 이것은 '거짓말이 옳다, 그르다, 나쁘다'는 판단과는 구별되는 또 다른 능력입니다. 거짓말로 쓰이지만 않는다면, 타인의 감정을 읽을 수 있는 능력은 공감에서 매우 중요한 자원이 되는 것이지요. 타인의 마음을 추측하고 읽어낼 수 있다면, 상대의 마음에 공감하기 쉬워 사회생활은 부드러워지고 대인관계는 매우 풍성해질 수 있습니다.

자신의 감정을 조절하는 능력

어른 중에도 얼굴 표정에 자기의 감정을 다 드러내는 사람이 있습니다. 그 사람의 표정만 봐도 현재 기분이 어떤지 알 수 있지요. 그러나 대부분의 어른들은 속으로는 싫어도 겉으로는 좋은 척도 잘하고, 불쾌해도 편안한 표정을 지을 수 있습니다. 자신의 감정과 말, 그리고 행동을 조절할 수 있기 때문이지요. 이것이 바로 자기 통제력입니다. 아이들에게 "너 숙제하고 노는 거니?"라고 물어보면, 어떤 아이는 아무렇지 않게 "숙제 없어요."라면서 표정을 관리하기도 하고, 어떤 아이는 말을 더듬고 얼굴이 붉어지기도 합니다.

후자의 경우에는 대부분의 부모가 지금 이 아이가 거짓말한다는 것을 짐작할 수 있지만, 많은 경우 아이가 거짓말을 하는지 솔직하게 말하는지 알 것 같지만 그렇지 못합니다. 아이들이 점점 자기 통제력을 배우기 때문에 사실대로 말하지 않아도 부모가 눈치 채지 못하는 경우가 많아지지요.

그렇다면 얼마나 많은 아이가 부모에게 거짓말을 할까요? 사실 아이의 거짓말은 부모라면 누구나 한 번쯤 경험하는 일입니다. 그러니 아이의 거짓말이 최악의 일이거나 큰 사건은 아닙니다. 자기 자신을 컨트롤할 수 있는 능력은 살면서 정말 중요합니다. 캉리는 "마음을 읽어내는 능력, 자신의 언행을 조절하는 능력"이 생긴 사람들은 거짓말이 가능하다는 관점에서, 아이가 처음으로 거짓말을 했다는 것은 축하할 일이라고 했습니다. 그것도 사회생활에서는 능력이니까요.

정직하게 키우고 싶다면
정직할 수 있는 용기를 주자

아이들이 성장하면서 거짓말을 하는 것은 보편적인 일입니다. 그런데 왜 어떤 아이들은 그것을 후회하며 진실을 고백하고, 어떤 아이들은 부모가 정직하게 살라고 침이 마르도록 말했는데도 끝까지 진실을 말하지 않고 혼자 간직할까요?

아이들이 부모에게 하는 거짓말은 우리가 사회에서 하는 거짓말과는 조금 다릅니다. 아이들은 때로 부모를 실망시키고 싶지 않아서 거짓말을 합니다. 사랑받기 위해서라고 봐도 좋습니다. 1차적으로는 혼나는 게 무서워서 거짓말을 하지만, 궁극적으로는 부모를 실망시키고 싶지 않아서입니다. 자신에 대한 사랑이 거두어질지 모른다는 두려움도 느낍니다.

우리가 아이들에게 거짓말은 나쁜 것이며 나쁜 사람이 되는 거라 가르쳐왔고, 거짓말을 하면 혼낼 거라고 협박도 했고, 때로는 사랑하지 않을 거라는 신호를 보내기도 했기 때문입니다.

사람의 가장 가치 있는 능력 중 하나는 후회할 줄 아는 것입니다. 자신의 말과 행동을 후회할 줄 아는 사람은 정직함의 가치를 아는 사람이지요. 자신이 그때 어떻게 행동했어야 하는지 솔직하게 반추하며 고백하고, 자신의 거짓된 행동을 되돌릴 수 있는 능력입니다. 거짓말은 후회하는 능력과 연결되어 있습니다. 우리는 그 순간을 피하기 위해 거짓말을 했더라도 시간이 지나면 후회합니다. 왜 후회할까요? 그것이 옳지 않은 일이었다는 것을 자신의 양심이 알고 있기 때문이지요. 그 양심의 목소리에 귀를 기울이고, 정직하게 관계를 맺는 것이 얼마나 중요한지 생각해볼 필요가 있습니다.

그렇다면 우리가 아이들에게 가르쳐야 하는 것은 무엇일까요? 거짓말이 나쁘고 거짓말을 하면 나쁜 사람이 된다고 말하기보다는, 정직하게 살아가는 것이 얼마나 중요하고 얼마나 뿌듯한 일인지 알려주는 것입니다. 누구나 하는 거짓말이지만 왜 누군가는 정직함으로 돌아오는지에 대해 말해주고, 그것은 용기 있는 선택이라는 것도 가르쳐주는 것입니다.

우리가 본능적으로 알고 있었던 것처럼 아이들도 거짓말할 때의 불편함을 알고 있습니다. 그러니 우리가 아이들을 도와주어야 합니다. "얘야, 누구나 사실과 다르게 말할 수는 있어. 그런데 그 거짓말로 인해 누군가가 피해를 볼 수 있기 때문에 용기를 내서 바로잡아야 한단다."라고 말입니다. 만약 "한 번만 더 거짓말하면 혼날 줄 알아."라고 말한다면 아이들은 되돌릴 기회를 놓치고 말지 모릅니다. 그러나 "언제든 네 마음이 편치 않으면 솔직하게 말해. 그럼 엄마가 너를 도와줄게."라고 말한다면 아이들은 안심합니다. 마음이 안정되면서 믿음을 회복하는 거지요. '아, 우리 엄마는 내가 솔직하게 말하면 이해하고 도와주실 거야.'라고 말입니다. 그럴 때 아이들은 자기표현을 시작합니다. 두려울 때는 침묵하지만 편안하면 고백합니다. 아이들이 용기를 갖고 고백하도록 도와주세요. 아이들이 정직하게 살 수 있는 힘은, 단 한 번도 거짓말을 하지 않고 크는 것이 아니라 정직함으로 돌아올 수 있는 용기를 키워주는 데서 나옵니다.

아이의 말이 거짓말 같을 때 물어봅니다.

"너 거짓말하지 말랬지?"

→ "엄마가 알고 있는 것과 네 말이 다르네. 그래서 엄마가 좀 혼란스러운데, 엄마가 이해할 수 있게 설명해줄래?"

아이에게 솔직하게 말해준 데 대한 고마움을 표현합니다.

"그런데 왜 거짓말을 했어!"

→ "지금이라도 솔직하게 말해줘서 고맙다. 쉽지 않았을 거야."

정직함과 용기를 회복할 수 있도록 도와줍니다.

"앞으로는 거짓말하지 마."

→ "거짓말은 누구나 할 수 있어. 하지만 2가지 이유에서 옳지 않아. 첫 번째는 네 스스로 떳떳하지 못해서 불편하고, 마음속으로 미안할 거야. 두 번째는 상대방이 힘들 수 있어. 그래서 용기를 내서 말하는 게 중요해. 엄마, 아빠가 도와줄게."

06
아이를 탓하기 전에
아이가 원하는 것 이해하기

"얘가 누굴 닮아서 이래!"라는 말 대신

자기 의견을 잘 내세우는 아이들이 힘든 이유는

아이들이 나빠서가 아니라 우리가 덜 성숙하기 때문입니다.

아이들은 원래 부모 말을 잘 듣지 않아요.

엄마, 아빠 말에 "싫어, 싫어!"를 자주 하는 아이를 키우다 보면
지치기도 합니다. 당연히 아이가 해야 하는 일인데 말을 끝까지 듣
지도 않고 싫다고 떼를 쓰면 정말 당황스럽고 화도 나지요.

정말 아이 잘못일까

이럴 때 부모들은 무의식중에 "얘는 누굴 닮아서 그러는지 모르

겠어."라고 말하곤 합니다. 하지만 이것은 참 무서운 말입니다. 어린 시절 아버지는 저를 야단치거나 때릴 때면 "너는 엄마를 닮았다."라 고 했습니다. 사실 제 생김새는 아버지와 매우 닮았습니다. 그래서 맞고 나면 거울을 보면서 혼란스러웠던 기억이 납니다. '나는 아빠 를 닮은 것 같은데 왜 아빠는 엄마를 닮았다고 할까. 엄마를 닮은 건 나쁜 건가?'라는 생각이 들어서입니다. 아버지는 엄마와의 갈등에서 비롯된 분노와 좌절의 감정을 저에게 옮겨왔고(전치), 자신의 행동은 인정하지 않고 제 탓을(투사)하며 저를 때렸습니다. 아버지의 지극히 주관적인 생각과 감정을 어린 딸에게 이유 없이 퍼부었던 것입니다. 이것을 '전치'라고 합니다. A라는 인물과의 경험에서 비롯된 감정을 B에게로 옮겨와 행동하는 것이지요. 그리고 아버지로 인한 원인과 이유를 저에게 미루었지요. 이것을 '투사'라 합니다.

만약 엄마가 낮에 친구와 만나 이야기를 나누다가 기분이 나빠진 상태로 집에 왔다고 해볼까요? 이런 날 아이가 방을 치우지 않거나 양치를 하지 않으면 아이는 평소보다 더 많이 혼날 수 있습니다. 엄 마가 자신의 좋지 않은 감정을 아이에게 쏟아내며 아이를 나무라기 때문입니다. "네가 방 치우고 양치 제때 했어봐, 엄마가 혼내나!"라 고 말하며 아이를 탓하겠지요.

이처럼 전치나 투사는 사람들이 인생을 살면서 자신을 보호하기 위해 사용하는 방어 기제입니다. 대부분 습관적이고 자연스러운 현 상이지요. 하지만 방어 기제에도 중요한 차이가 있습니다.

1. 누군가는 자신이 쓰는 방어 기제를 사실로 여겨 자신의 감정을 이입하고,

2. 누군가는 자신이 무슨 방어 기제를 쓰고 있는지 알고 있습니다.

 살다 보면 누구나 자신에게 유리한 방어 기제를 쓸 수밖에 없습니다. 중요한 것은 자신이 지금 무슨 방어 기제를 쓰고 있는지 의식하는 것입니다. '아, 지금 내가 밖에서 기분 나빴던 일을 아이에게 쏟아 내고 있구나.'라는 것을 의식하면, 그다음에는 조금 다르게 행동하고 바로잡을 수 있을 거예요. 이것을 의식하는 사람과 그렇지 않은 사람의 삶은 아주 다릅니다. 이것을 의식하면 말과 행동을 달리할 수 있는 방법을 고민하게 되고, 결국 변화가 가능하죠. 하지만 자신이 방어 기제를 쓰고 있다는 걸 모르는 사람은 계속 그런 방어 기제를 강화하며 살아가게 됩니다.

 만약 부모가 아이에게 자기의 나쁜 감정을 투사해서 말하고 부모의 이런 태도가 계속되면, 아이의 자존감이 훼손되는 것은 물론 아이 역시 자신의 말과 행동을 책임지지 못하고 주변 상황과 사람들을 탓하는 성격이 형성될 수 있습니다. 아이가 부모 말에 바로 수긍하지 않고 고집을 부린다면, 혹시 부모인 자신이 전치와 투사라는 마음의 방어 기제를 사용하며 아이를 대하고 있는 것은 아닌지 생각해 보아야 합니다.

아이들은 때로 부모와 매우 닮았고,
그러면서도 전혀 다르다

아이들의 행동을 가만히 보면 놀랄 만큼 부모와 닮았습니다. 부모는 이를 인정하지 않으려 하지만, 아이들의 행동 중 부모를 불편하게 만드는 많은 요소가 실은 부모의 모습 그대로입니다. 그럼에도 부모는 자신의 모습 중 절대 닮지 않았으면 하는 부분을 닮으면 이를 인정하고 싶지 않아 아이를 더 비난하곤 합니다. 그러면서 어쩌면 자신에게 해야 하는 말을 늘어놓지요. 대화 훈련을 하다 보면 많은 분이 이런 말을 합니다.

"제 아이가 저의 이런 모습만큼은 닮지 않기를 바랐는데 어쩌면 이렇게 똑같은지 모르겠습니다. 그런 모습을 보면 저도 모르게 아이를 마치 나와는 매우 다른 사람처럼 대하면서 이해할 수 없다는 듯이 말하곤 했습니다."

반대의 경우도 있습니다. 자녀가 자신과 전혀 다른 배우자를 닮았을 때도 답답해하죠.

남편과 결혼을 결심했을 때 정리 정돈과 주변 관리를 잘하는 모습이 좋았습니다. 그런데 결혼해서 살다 보니 이 남자는 여행 한번 가려고 하면 짐을 싸는 데만 1시간 이상 걸리고 머리카락 하나만 나와도 잠을 안 자고 청소를 하는 거예요. 저는 사실 여행을 많이 다니는 직업이기 때문인지 어디서나 눈만 감으면 잡니다. 더럽든 말든 잘 자죠. 그래서 남편의 그런 모습이 점점 이해가 되지 않아 힘들었는데, 아들이 아빠랑 똑같습니다. 제가 아들에게 대충 하고 자라고 해도 매일 청소하는데 너무 시간을 써서 정말 속이 터질 때가 많아요.

많은 부모가 형제자매 간의 차이에 대해 이야기합니다. 같은 부모, 같은 환경에서 컸는데 어쩌면 그렇게 성격이 다른지, 그리고 각 부모의 특정한 모습을 어쩌면 그렇게 닮았는지 놀랍다고 말이죠.

이런 이야기를 들으면 때로 아이들의 행동을 부모가 이해하려 애쓰기보다 있는 그대로 받아들이는 것이 현명하고 지혜롭다는 것을 깨닫게 됩니다. 무엇보다 그렇게 자란 아이들이 행복했습니다. 사실 많은 부모가 아이의 행동이 잘못되었거나 위험하지 않을 때도 단순히 자기 마음에 들지 않는다는 이유로 아이를 비난하고 야단치니까요.

얼마 전 무척 비극적이고 가슴 아픈 기사를 보았습니다. 지방의 한 중학생이 학교에 칼을 가져가 한 친구를 여러 차례 찌른 사건으로, 칼에 찔린 학생의 생명이 위독하다고 했습니다. 기사 내용을 보니 가해 학생이 평소에 피해 학생에게 많은 괴롭힘을 당했고 선생님과 상담도 했다고 했습니다. 그것이 가해 학생이 친구를 수차례 칼로 찌른 동기와 이유였지요. 가해 학생이 평소 괴롭힘을 당할 때 부모님과 어떤 관계를 맺고 있었는지, 부모님과 이런 일로 이야기를 나눴는지는 알 수 없습니다. 하지만 우리는 이런 사건을 접할 때마다 제3자 입장에서 쉽게 이야기하죠.

"저 아이가 누굴 닮았겠어, 자기 부모를 닮았겠지."

부모의 역할을 감당하는 우리는, 다른 부모들을 향해 이런 말을 해서는 안 됩니다. 분명한 것은 양쪽 부모 모두 고통스럽고 괴로운 시간을 보내고 있을 거라는 사실이지요. 이런 심각한 일이 아니라 가벼운 일에서도 우리는 아이가 부모를 닮았을 거라는 말을 쉽게 합니다. 그러나 아이들이 모든 말과 행동을 부모로부터 배우는 것은 아닙니다. 그런 생각이 오히려 문제를 키우고 부모의 죄책감과 수치심을 가중시킬 수 있습니다. 중요한 것은 아이의 행동으로 인해 고통받은 상대를 이해하고, 이런 일들을 어떻게 처리할지 아이와 대화하며 서로에게 도움이 되는 방향으로 나아갈 방법을 찾는 것입니다.

누군가를 탓하는 말 대신 할 수 있는 말

"얘는 누굴 닮아서 이렇게 말을 안 듣고 고집이 센지."라는 말을 하고 싶을 때는 어떻게 해야 할까요?

아이들은 억지로 고집을 꺾으려 하면 울고 비명을 지릅니다. 이때 정말 별것 아닌 일에 아이의 고집을 꺾겠다고 하는 것은 아닌지, 그저 자신이 싫어하는 누군가의 모습을 닮아서 싫은 것은 아닌지, 자신이 지금 아이에게 투사하고 있는 것은 아닌지 생각해보세요.

아이가 하려는 행동이 옳지 않거나 위험하거나 피해를 주는 것은
아니지만 좀 더 나은 방법이나 다른 가능성도 생각했으면 좋겠다면,
아이에게 제안을 할 수 있습니다. 고집부리는 아이를 비난하기 전에
아이가 무엇을 원하는지 분별하려는 노력이 필요합니다.

공감톡

아이가 무조건 고집을 부릴 때 :
제일 필요한 건 아이의 말을
끊지 않고 일단 들어주는 것입니다.

"네가 이렇게까지 표현할 때는 다른 생각이 있다는 거겠지?"
"이렇게 소리 지르지 않아도 엄마는 네 말을 들어줄 수 있어."

아이를 타이르며
도움이 되는 방법을 알려주세요.

"엄마 생각엔 그 방법보다 다른 방법이 도움이 될 것 같아. 너도 생각해봐."
"네가 들은 것 중 어떤 방법이 마음에 드는지 다시 한번 생각하고 엄마한테 이야기
해줘."
"네가 큰소리를 멈추고 엄마에게 말하는 것이 너에게 도움이 돼. 그래야 엄마가 이
해할 수 있으니까."

최근에 아이가 고집을 부려 화가 난 일이 있었나요?
그때로 돌아간다면 어떻게 말할 수 있을까요?

_____

_____

07
무엇이든 물어보는 아이,
자신감 있고 독립적으로 행동하도록 돕기
"네가 좀 알아서 해!"라는 말 대신

모든 것을 다 해주던 사람이 갑자기 떠나면

작은 일도 혼자 할 수 없게 됩니다.

조금씩, 꾸준히 스스로 할 수 있도록

잡은 손을 천천히 놓아줄 때 아이의 자율성이 자랍니다.

　한 의사 선생님이 자신을 찾아오는 환자 가운데 엄마와 함께 오는 학생들에 대해 이런 말을 했습니다.

　"아이들의 건강 상태를 체크하면서 좋아하는 음식이 뭐냐고 물어볼 때가 있습니다. 그러면 아이들 중 상당수가 자신이 대답하지 않고 엄마를 봅니다. 자신이 뭘 좋아하는지 엄마에게 묻기도 하죠. 자기가 어떤 음식을 좋아하는지도 바로 대답하지 못하거나 안 하고 엄마를 보며 대답을 넘기는 아이들을 볼 때마다 걱정스럽습니다."

억압 속에서 자라온 대로
아이를 억압하는 부모

부모 세대는 저마다 다른 가정환경에서 자랐지만 유·무형의 외부의 억압을 받으며 컸다는 공통점을 가지고 있습니다. 어린 우리가 말하고 싶을 때는 "버릇없다. 입 다물어!"라고 했고, 우리가 울고 싶을 때는 "울지 마. 울 일 아니야!"라고 했습니다. 억울하고 화가 났을 때는 "참고 견뎌!"라고 했지요. 우리는 모두 어느 정도 외부의 억압 속에서 자랐고, 우리의 의사를 표현하거나 행동을 선택하지 못한 채 성인이 되었습니다. 그러다 보니 아무도 자신을 억압하지 않는 성인이 되자 스스로를 억압하고, 아이들에게도 똑같은 방식으로 억압하는 말을 하게 됩니다. 아이와의 대화가 순조로울 수 없는 이유입니다. 대화에는 우리의 생각과 의식이 반영되기 때문입니다.

저는 어려서부터 하고 싶은 말을 잘 못 했어요. 어른이 된 지금도 다른 사람들 앞에서 제 의견을 말하는 것이 몹시 불편하고요. 얼굴이 빨개지고 심장이 두근거리는 것은 물론 '혼자서는 제대로 할 수 없을 거야.'라는 생각이 들어요. 그러다 보니 부끄러움이 많은 사람이 됐고, 사람들도 저에게 부끄러움을 많이 탄다고 말해요. 이제는 누구 앞에 서서 말한다는 것이 부끄러운 일이 되어버렸죠. 하지만 마음속의 저는 제가 원하는 것을 표현하고 싶어 해요. 그런 욕구가 없어지지 않는 거지요. 저를 표현하며 살고 싶어요. 그렇게 살아가는 사람들이 부럽고요.

모든 사람이 똑같지는 않지만, 억압이나 두려운 환경에서는 창의성을 발휘하지 못합니다. 자신을 안전하게 보호하고 싶은 방어 기제가 자연스럽게 올라오기 때문이지요.

조직에서도 마찬가지입니다. 상사가 "자, 의견을 말해보세요."라고 할 때 선뜻 나서는 직원이 별로 없습니다. 그들에게 물어보면 "섣불리 말했다가 괜히 책임져요.", "말해봐야 소용없어요. 결국 자기가 원하는 대로 하는걸요.", "시키는 대로 하면 최소한 피해는 없으니까 말 안 해요."라고 말합니다.

이런 처리 방식은 아이들도 크게 다르지 않습니다. 누구나 억압 속에서 지내면 도전하기보다는 수동적으로 움직이고 자신에게 익숙한 방식으로만 행동하려 합니다. 위 사례의 주인공도 어릴 때부터 무언의 압박을 받으며 자라 그 안에 자신을 가두고 그 틀에서만 움직이게 되었다 할 수 있습니다.

모든 것을 묻는 의존적인 아이

요즘 아이들은 끊임없이 묻습니다.

"엄마, 나 화장실 가도 돼?"

아이들은 저마다
다른 기질과 재능을 가지고 이 세상에 왔습니다.
우리가 아이들의 기질과 재능을 충분히
이해하지 못한 채 키우고 있는 것이지요.

"엄마, 나 밥 먹어도 돼?"

"엄마, 나 이거 해도 돼?"

"엄마, 나 이거 하면 안 돼?"

"엄마, 나 이제 뭐 해야 돼?"

"엄마, 나 놀아도 돼?"

의존은 수동적인 행동을 수반하고, 독립은 선택적이고 자율적인 행동을 수반합니다. 아이들을 독립과 의존 사이에서 균형 있게 성장시키려면 어떻게 해야 할까요?

아이들에게 필요한 것이 독립 혹은 의존, 이 둘 중 하나뿐일까요?

아이들은 저마다 다른 기질과 재능을 가지고 이 세상에 왔습니다. 우리가 아이들의 기질과 재능을 충분히 이해하지 못한 채 키우고 있는 것이지요. 그래서 어떻게든 그것을 발견하려고 애쓰고, 찾아야 한다고 생각하면서 우리가 옳다고 믿는 방식을 주장하고 강요하며 억압하는 것인지도 모릅니다. 하지만 역설적이게도 우리가 그렇게 하면 할수록 아이들의 꿈과 비전, 재능을 발견하는 일에서는 멀어집니다.

그렇다면 아이를 키울 때 어디서부터 어디까지 관여하고 어디까지 독립심을 길러줘야 할까요? 사실 이 문제는 정답이 없습니다. 하지만 중요한 사실 하나는, 아이들이 언젠가는 부모라는 둥지를 떠나 독립한다는 것입니다. 이때 부모는 서운함 없이, 아이는 두려움 없이 서로를 보내고 떠나야겠지요.

아이가 굉장히 의존적이라면 아이를 키우면서 모든 일에 관여하며 행동하게 한 것은 아닌지 생각해봐야 합니다. 때로는 아이를 보호하기 위해 가로막고, 예의 바른 아이로 키우기 위해 절제시키고, 용감한 아이로 키우기 위해 던지기도 하지요. 하지만 그런 모든 과정에 아이를 참여시키고 있는지 철저히 스스로에게 물어볼 필요가 있습니다. 아이와 대화를 나누며 아이 스스로 선택해서 행동하게 하는지 말입니다. 대부분의 부모가 아이를 키우면서 자신만의 기준을 적용하고, 그것을 아이에게 가르쳐주고 싶은 나머지 아이의 의견이나 행동을 수용하지 못합니다.

저 역시 그랬습니다. 제 아이가 "엄마, 나 화장실 갔다 와도 돼요?"라고 묻던 날, "왜 집에서 화장실 가는 걸 물어? 그냥 가면 되지."라고 당황해서 말하고는 스스로에게 질문을 던졌습니다. '그동안 아들에게 얼마나 많은 것을 제한한 거지?' 참 많은 사건이 스쳐 지나갔습니다. 저는 깊은 후회와 반성을 했습니다. 아이의 선택을 존중하지 못했던 지난 일들을 떠올리며 앞으로 어떤 방식으로 아이와 대화해야 할지를 고민하게 되었지요.

이 글을 읽으며 '우리 아이도 모든 일을 나에게 묻는데.'라는 생각이 든다면 환영합니다. 우리에게는 숙제가 있습니다. 아이를 독립적이거나 의존적으로 키우는 것이 아니라, 때로는 서로에게 의존하면서 독립적으로 자랄 수 있도록 양육하는 것입니다.

스스로 한 걸음씩
걸어가는 아이

아무도 엎드려 기는 아이에게 바로 일어나 혼자 걸으라고 하지 않습니다. 손을 잡아주고, 몇 발을 혼자 움직여서 다가오면 넘어지기 직전에 안아주고, 아이가 혼자 걷기 시작하면 언제든 아이를 한 번에 안을 수 있도록 손을 아이 몸 가까이에 대기하고 있지요. 모든 일이 이런 과정을 거칩니다. 사랑의 마음과 관심의 눈길, 그리고 가까이 있는 손길이 필요합니다.

아이가 지나치게 의존적이라고 생각하며 불안해하지 마세요. 다른 면으로 보면 엄마와의 밀착감이 좋은 것일 수도 있으니까요. 다만 아이 스스로 선택해서 이 세상을 살아갈 수 있도록 도와주면 됩니다. 혹시라도 그동안 일상의 모든 것을 대신해줘 아이가 혼자 할 수 있는 것이 없고 하려고도 하지 않는다면 더 잘 도와주면 됩니다. '왜 내가 아이를 이렇게 의존적으로 키웠을까?'라며 자신을 비난하지도 마세요. 얼마나 아이를 사랑했으면 그랬을까요. '이 아이는 누굴 닮아서 이렇게 나약하고 의존적일까?'라며 아이를 나무라지도 마세요. 아이들은 저마다 달라서 다른 아이보다 조금 더 섬세하고 조심스러울 뿐이니까요. 서로 비난하지 않아도 아이가 의존과 독립 사이에서 건강하게 성장할 수 있다는 것을 믿는 우리가 되면 좋겠습니다.

공감톡

갑자기 혼자 하라고 하면서 아이를 무심하게 내버려두는 것이 아니라,
의사 결정에 아이를 참여시켜 작은 일부터 선택해서
행동할 수 있도록 도와주세요.

"혼자 해. 할 수 있어!"
➜ "여기서부터 여기까지만 혼자 해봐. 엄마가 보고 있을게."

그 행동을 스스로 해냈다면 의미 있는 작은 성공을 축하해주세요.

"잘했어."
➜ "네 스스로 노력하는 모습을 엄마가 볼 수 있어서 참 기뻐."
— 칭찬 대신 축하해주기

08
자기 자신을
챙기는 힘 길러주기
"그렇게 바보같이 굴면 이용당해."라는 말 대신

제 아이는 너무 착해서 탈이에요. 자기주장도 못 하고 양보만 해요. 하루는 아이와 함께 키즈 카페에 갔어요. 미끄럼틀을 타겠다던 제 아이가 다른 아이들은 와르르 올라가는데 같이 올라가서 줄을 서지 못하고 밀리고 밀리면서 계속 쭈뼛거리며 서 있었어요. 그러던 중 뒤에 있던 아이가 제 아이를 팍 밀쳐 제 아이가 넘어졌어요. 제가 그걸 보고 있었는데 아이가 울면서 저한테 왔어요. 매번 상대 아이를 야단칠 수도 없어 속상한 마음에 "바보같이 왜 가만있어. 줄을 서면 되지."라고 말했지만 마음은 불편했죠. 한두 번이 아니거든요. 제가 어떻게 해야 하나요?

키즈 카페는 내 아이가 집이 아닌 공간에서는 다른 아이들과 어떻게 상호작용을 하는지 관찰하기 좋은 장소입니다. 키즈 카페에 가면 아이들은 아이들끼리 놀고 엄마들은 엄마들끼리 차도 마시고 이야기도 하며 교류도 할 수 있죠. 다른 엄마들과 이야기하는 시간도 즐겁고 중요하지만, 내 아이가 어떤 패턴으로 놀고 있는지 잠시 관찰해보세요. 다른 아이들 사이에서 행동하는 내 아이를 관찰하면 아이를 이해하는 정보를 얻을 수 있습니다. 아이에 대해 잘 안다고 생각하지만 참 다르고 낯선 모습에 놀라기도 하지요.

아이를 키우다 보면 키즈 카페, 어린이집, 학교 할 것 없이 어디서든 양보만 하다가 자신의 것을 뺏기고 울면서 돌아오거나 맞고 오는 걸 경험하기도 합니다. 아이가 손해나 피해를 보고 오면 엄마들은 속상한 마음을 참지 못하고 이렇게 말해버립니다.

"왜 가만히 있었어? 똑같이 하지. 왜 당하고 와? 너 바보야? 네 차례라고 왜 말을 못 해?"

속상한 마음을 못 이겨 상대 아이를 야단치기도 하고, 자칫 엄마들 간의 갈등으로 번지는 경우도 심심치 않습니다. "아니, 차례로 줄서는 거 모르세요? 아이한테 차례 좀 지키라고 하세요."라고 상대 엄마한테 내지르기도 하죠. 그걸 보는 아이는 또 불안한 마음에 "엄마, 나 괜찮아."라고 말합니다. 엄마들은 내 아이가 너무 공격적인 것도 걱정이지만 너무 당하고 오는 것도 속상합니다. "차라리 때리고 오는 게 맞고 오는 것보다 낫다."는 말도 많이 합니다. 우리 아이는 왜 바보같이 참기만 할까요? 왜 자기가 원하는 것을 주장하지 않을까요?

침묵과
억압

케첩을 짜본 적 있나요? 살살 누르면 조금씩 부드럽게 나오지만, 그 좁은 입구가 막혀 세게 꾹 누르면 찍! 하면서 강하게 터져 나옵니다. 사람의 마음도 이와 같습니다. 마음을 누르는 건 자연스러운 일이 아닙니다. 사람의 마음은 언제나 흐르는 물처럼 잔잔할 수 있는데, 눌리고 억압되면 속에서부터 곪아 터지게 됩니다.

어떤 사람이 억압적으로 자신을 누르고 자꾸 명령하면

1. 표면적으로는 그 사람이 하라는 대로 하더라도 억압이 심할수록 더 크게 저항하고 복수를 꿈꾸거나
2. 마음이 무기력해져 더욱 순종적이고 굴복적인 행동을 할 수도 있습니다.

양보만 하는 아이, 순한 아이, 착한 아이를 우리는 어떻게 이해하고 도와야 할까요? 남 보기에는 한없이 좋을 수 있으나, 엄마로서는 이 세상을 살아갈 생각에 한숨부터 쉽게 만드는 우리 아이의 행동을 어떻게 도와줄 수 있을까요?

먼저 부모인 자신을 돌아볼 필요가 있습니다. "양보해라.", "때리면 안 된다.", "참아야 한다.", "착하게 굴어야지.", "조용해야지.", "이러면 사람들이 싫어하지."라며 아이들을 너무 억압해온 것은 아닌지.

얼마 전 한 수업에 참여한 적이 있습니다. 수업을 이끈 선생님이 "왠지 싫은 것들, 왠지 좋은 것들"에 대해 이야기해보라고 했습니다. 우리의 무의식에 가려진 억압들을 찾아내는 과정이었지요. 가벼운 마음으로 시작했습니다. 이유는 모르지만 가을이 좋았고, 이유는 모르지만 셀러리를 싫어했습니다. 그 외에도 "저는 이게 왠지 싫어요. 저는 이런 것들이 왠지 좋더라고요."라면서 가볍게 웃으며 시작했습니다.

그런데 하다 보니 '왠지'라는 것은 없었습니다. 다 뿌리가 있었지요. 다른 사람들의 이야기를 듣자 제 기억들이 떠오르기 시작했습니다. 그러면서 억울하고 화가 나고 괴로웠습니다. 이 과정을 통해 '아, 내가 내 아이는 또 얼마나 억압해왔나. 앞으로라도 정말 다르게 해야겠구나.'를 배울 수 있었습니다. 몇십 년 뒤 아이가 뭔가를 떠올리면서 분노하고 억울해하지 않게 하려면 너무 억압적이어서는 안 된다는 것을 배울 수 있었지요.

이야기하는 것을 정말 좋아하는 아이가 "입 좀 다물어. 넌 왜 이렇게 시끄럽니."라는 말을 계속 듣고 자란다면 어떻게 될까요. 그 아이는 자기도 모르게 하고 싶은 말을 참게 될 것입니다. 억압은 이렇게 자라면서 들어온 말과 교육을 통해 이루어집니다. 아이들이 이런 이야기를 많이 듣고 자라면 그것이 침묵하고 참는 행동으로 드러나겠지요. 우리 아이가 지나치게 양보하고 참고 견딘다면, 그것이 혹시 학습된 억압의 결과는 아닌지 생각해보면 좋겠습니다.

침묵과
인정

우리 애는 자신이 원하는 것에 대해 말을 잘 안 해요. 평소에 네 살짜리 동생에게 양보를 잘해서 제가 늘 착하다고 칭찬을 해주었습니다. 남들한테도 첫째가 동생도 잘 돌보고 양보도 잘한다고 칭찬을 자주 했죠. 실제로 밖에서도 늘 그렇게 행동해 사람들의 평도 좋았지요. 그런데 하루는 아이 유치원 선생님이 아이가 주변의 인정에 너무 학습되어 계속 그런 행동을 하는 것일 뿐 진심이 아니며 행복해 보이지 않는다고 말씀하셨어요. 저는 그럴 리 없다고 생각해 아이에게 동생한테 양보하는 게 좋은지 물어봤어요. 그랬더니 아이가 가만히 서 있었어요. 제가 다시 물어보면서, 솔직하게 이야기해도 엄마가 다 이해한다고 하자 아이가 울면서 고개를 저었어요. 그 순간 아이에게 너무 미안했습니다. 아이를 그냥 안아주었어요. 그리고 미안하다고 말했습니다.

아이들은 사랑받기 위해, 인정받기 위해 움직이기도 합니다. 부모의 따뜻한 눈길 한번 더 받기 위해, 부모의 따뜻한 말 한마디 더 듣고 싶어서 사랑스럽게 행동하기도 합니다. 하지만 아이들은 그보다 더 중요한 것을 배워야 합니다. 자유입니다. 아이들은 부모의 품 안에서 자유로워야 합니다. 아이들은 '우리 엄마, 아빠는 아무런 조건 없이 나를 사랑해.'라는 믿음이 가슴 안에 자리 잡을 때 자유롭게 행동합니다. 그런 신뢰가 없으면 아이들은 눈치를 보고 살핍니다.

더 사랑받기 위해, 더 인정받기 위해 원치 않는 행동도 하고, 그러면 자신을 사랑해줄 것인지를 살피지요.

"네가 이렇게 하면 사랑해줄게."라고 말은 하지 않더라도 부모가 때로 아이들에게 조건적인 사랑의 마음을 표현하는 경우는 너무나 많습니다. 위 사례의 엄마는 눈물을 펑펑 쏟으며 말했습니다.

"솔직히 저는 첫째가 둘째에게 양보하는 모습이 좋았고, 편해서 그렇게 해주기를 바랐던 것 같아요. 아이가 그렇게 할 때 사랑한다고 말하고 인정해주었던 기억이 많습니다. 아이에게 착하게 행동해야 사랑받는다는 마음을 심어준 것 같아서 너무 미안해요."

저 또한 제가 아들에게 준 사랑들이 얼마나 조건적이었는지를 늘 생각했습니다. 많은 부모가 마음속 진심과 달리 그 사랑을 온전히 전달하지 못하고 있습니다. 그런 우리의 행동이 아이로 하여금 인정받고 싶게 만들고, 착하게 굴게 만들고, 결국 침묵하며 참고 견디도록 만들어가고 있는 것은 아닌지 생각해볼 필요가 있습니다.

침묵과 기질

한 부모에게서 태어나도 아이들은 저마다 다르지요. 어떤 아이는 궁금함이 해소될 때까지 따라다니며 묻고, 어떤 아이는 와서 가르쳐줄 때까지 기다리고, 어떤 아이는 조용히 책을 찾아보며 탐구하기도 합니다. 아이들은 저마다 다른 기질을 갖고 이 세상에 온 선물이라서 면밀히 잘 풀어서 살펴봐야 하는 것 같습니다. 타고난 기여자 Giver들은 누군가에게 양보하고 도움을 주거나 자신의 노력과 자원을 제공하고 베풀며 행복을 느끼기도 합니다. 간혹 사역을 하는 종교인들을 만나면 이런 질문을 던집니다. "어려서부터 남을 돕거나 베푸는 것을 좋아하셨나요? 진심으로 말이에요." 그러면 그분들은 "그렇습니다. 그때 참 행복했어요."라고 대답합니다.

그러므로 양보하는 것이 꼭 인정을 갈구하는 행위이거나 사랑받고자 함이 아니고, 억압의 결과가 아닐 수도 있습니다. 진심에서 우러나오는 기쁨의 행위이자 목적일 수 있습니다. 많은 경우 아이들은 친구에게 무언가를 주거나 양보함으로써 행복하다고 말하지요. 만약 내 아이가 그런 양보를 하는 것이라면 같이 축하하고 기뻐해주면 됩니다. 어쩌면 그 아이는 우리의 생각 이상으로 세상의 빛과 소금이 될지도 모르니까요.

아이들이 왜 침묵하는지 3가지 경우를 두고 생각해보았습니다. 억압의 결과인지, 인정 욕구 때문인지, 아니면 타고난 기질의 결과인지 말이지요. 만약 아이가 키즈 카페에서 다른 아이에게 밀려 울고 왔다면 그건 기질은 아닐 겁니다. 이럴 때는 어떻게 도와야 할까요? "왜 우니? 가서 이야기하고 와. 엄마가 지켜볼 거야. 가서 말하고 와."라며 아이를 밀어버리면 아이는 더 어쩔 줄 몰라 할 것입니다. 집에서도 그게 안 되는데 낯선 공간에서 할 수 있을까요? 공감톡으로 연습해보세요.

공감톡

아이가 울며 다가오면 우선 공감해주세요.
"속상해? 너처럼 친구들도 질서를 지키며 놀면 좋을 텐데, 그치?"

만약 혼자 해보겠다고 하면 "해보고 올래?"라고 하면 됩니다.

어른들 기대나 교과서대로라면 친구가
"그래. 미안해."라고 해야겠지만,
현실 세계에서는 그 친구가 아이를 또 밀 수도 있습니다.

필요한 경우에는 가서 도와주세요.
"안녕? 너도 재미있게 놀고 싶은 거지? 그런데 친구도 같은 마음이래.
그러면 줄을 서면 돼. 한번 해볼래?"

행동으로 옮긴 상대 아이에게 고마움을 표현해주세요.
"질서 잘 지켜주어서 고맙다."

어쩌면 내 아이를 밀친 그 아이도 배울 겁니다. 그러니 줄을 서는 것이 당
연하다고 해서 그냥 돌아오지 말고, 그 아이가 줄을 선다면 "고맙다."라
고 말해주는 거죠. 그런 다음 아이가 어떻게 노는지 잠시 지켜보다가 "그
래, 그렇게 노는 거야."라고 말하고 돌아오면 됩니다.

아이의 다름을
인정하고 기다려주기

"다른 아이들은 다 하는데 너는 왜 그러니?"라는 말 대신

아이들의 개성과 다양성을 존중하는 관계야말로

아이들의 삶을 살리고 행복하게 만드는 명약입니다.

보육원으로 봉사를 갔을 때입니다. 일행 중 한 분이 초등학교 1학년 아이 둘과 놀다가 한 아이에게 물었습니다.

"넌 뭘 잘해?"

"노래요."

다른 선생님들이 아이에게 노래를 불러보라 했고, 아이는 무척 아름다운 목소리로 노래를 들려주었습니다. 모두 박수를 보내고 있는데 아까 그 선생님이 이번엔 다른 아이에게 물었습니다.

"얘는 노래를 잘하는데 넌 뭘 잘해?"

질문을 받은 아이가 쭈뼛거리자 노래를 부르던 아이가 "얘는 팔씨름을 잘해요."라고 말했습니다.

저는 가볍게 넘어가도 될 이 대화가 아쉬웠습니다. 그 자리에서는 아무 말도 하지 않았지만 무척 불편했고, 돌아오는 길에도 내내 마음이 좋지 못했습니다.

"얘는 노래를 잘하는데 너는 뭘 잘해?"라고 물을 때 과연 비교하고자 하는 마음이 없었을까요? 성인들도 인정받고자 하는 욕구가 강한데 부모와 같이 살지 않는 아이들에겐 그 사랑과 인정이 얼마나 간절할까 생각하니 마음이 더욱 무거웠습니다.

우리가 원하는 사랑은 종종 깊은 인정 욕구와 연결됩니다. '내가 뭔가를 잘하면 나를 사랑해주겠지?'라는 조건적 사랑이 현대인들의 관계에서 너무 보편화되었기 때문이죠. 만약 "뭘 잘하니?"가 아니라 "뭘 좋아하니?"라고 물어봤더라면 아이의 마음이 어땠을까요? "얘는 노래하는 것을 좋아하는데, 넌 뭘 좋아하니?"라고 말입니다. 비교하는 것에서 좋아하는 것으로 관점을 전환하면 아이의 대답에서 활기와 웃음을 발견할 수 있습니다.

좋아하는 것에서
발견하는 기쁨

차이코프스키 콘서트에 간 적이 있습니다. 50명의 연주자가 대기하는 가운데 지휘자는 첼리스트, 바이올리니스트, 피아니스트와의 협연을 이끌었습니다. 2시간이 넘는 공연이 지루할 틈 없이 열정적이었습니다. 그런데 50명의 연주자 사이에서 눈에 띄는 사람이 있었습니다. 앞줄 두 번째 바이올린 주자였습니다. 그 젊은 남성은 지휘자를 쳐다보며 자신의 순서를 기다리면서 각 상황에 맞는 표정을 너무나 리얼하게 지었습니다. 기다리는 동안에는 앞에 선 연주자의 소리를 들으며 때론 미소를 짓고 때론 슬픈 표정을 짓고 때론 관객을 바라보았습니다. 악장이 끝나고 박수 소리가 나올 땐 연주자와 관객을 번갈아 바라보며 마치 부모가 뿌듯한 눈으로 자식을 바라보듯 정말로 근사한 미소까지 지었습니다.

저는 그 사람한테서 눈을 뗄 수가 없습니다. 같이 공연을 감상하던 지인도 그 사람을 봤으면 좋겠다는 생각이 들어 귓가에 속삭였습니다.

"저 사람 보이세요? 앞줄 두 번째 바이올린 주자 표정을 보세요."

그러자 지인은 기다렸다는 듯이 활짝 웃으며 대답했습니다.

"저도 아까부터 저 사람을 보고 있었어요. 선생님도 저 사람을 보고 있었군요."

저는 웃으면서 답했습니다.

"네. 저 사람은 정말로 이 순간을 즐기고 있는 것 같아요."

지인은 자기 생각에도 그렇다며 웃었습니다. 그는 공연이 끝나는 순간까지 마치 자신이 그 무대의 주인공인 것처럼 제 눈을 사로잡았습니다.

아이들이 커서 어떤 역할을 할지 우리가 예측할 수 있을까요? 아마 그렇지 못할 거예요. 그래서 요즘 엄마들은 많이 불안합니다. 저역시 제 아들이 앞으로 어떤 일을 할지 알 수 없어 문득문득 불안함을 느낍니다. 엄마인 내가 더 많은 것을 준비해놓아야 하는 것은 아닌지 걱정도 됩니다. 그런 마음으로 아들을 보면 한심하기 짝이 없습니다. 한숨이 푹푹 나오고 짜증이 나고 같은 말도 매우 다른 에너지로 쏘아붙이게 되지요.

하지만 중요한 것이 무엇인지 곰곰이 생각해보면 명료해지는 순간들이 있습니다.

'내 아이가 어떤 삶을 살기를 바라는가?'

당연히 행복하기를 바랍니다.

어떤 일을 하는가보다 중요한 것이 있습니다. 그 일을 대하는 태도와 마음입니다. 우리 아이가 열정적으로 몰입해 땀을 흘리며 무언가를 하는 모습을 볼 때가 부모에겐 가장 뿌듯한 순간이 아닐까요?

일을 하면서 저는 사회에서 성공했다는 사람을 참 많이 봅니다. 그러나 그들 대부분이 행복해 보이지만은 않습니다. 후회도 많고 삶에 대한 아쉬움도 컸습니다. 역할에 치여 행복이 뭔지도 모르고 돈만 좇으며 사는 사람도 많았습니다. 저는 제 아들이 그렇게 마음이 죽은 삶을 살길 원치 않습니다. 제 아들에게 그 바이올린 주자와 같은 열정과 에너지가 있기를 간절히 바랍니다. 아마 다른 엄마들도 같은 마음일 거라 생각합니다.

당위성을 강조하는 대신
다름을 인정할 때 아이는 성장한다

우리는 언제부터인가 행복에도 비결이 있고 정답이 있어 '누구처럼' 살면 행복할 거라 믿게 된 것 같습니다. 그래서 그 '누구처럼' 되기 위해 끊임없이 비교하며 따라가려 하죠. 하지만 때로는 그 '누구'가 '당위성'이라는 이름으로 둔갑하기도 합니다. 대다수가 하고 있고 당연하다 여기는 것들이 되지 않을 때, 주변과 사회에서는 어떻게 보나요?

"대학은 당연히 가야지. 남들 다 가는데."

"남들은 다 취직했는데 너는 집에서 노니?"

"친구들 다 갔는데 너는 왜 결혼 안 하니?"

처음에는 이런 말을 하는 상대를 비난하지만, 어느새 우리는 자신을 향해 '내가 뭔가 잘못됐구나. 내가 뭔가 해야 되는구나.'라며 우울해집니다.

아이들에겐 어떨까요? 우리는 '누구'라는 대상이 없어도 비교합니다. 나이, 학년, 역할, 성에 따라 "이제 그 정도면 이 정도는 해야지."라고 말하지요.

친구 중 하나는 학창 시절 말이 너무 많다는 이유로 혼이 나곤 했습니다. 하지만 그 친구의 아버지는 그를 전폭적으로 지지해주었습니다.

"말이 많은 것은 재능이다. 네가 누군가의 앞에서 끊임없이 이야기할 수 있다는 건 네게 엄청난 에너지가 있다는 증거다. 네가 남들에게 얘기할수록 좀 더 조리 있게 말할 가능성이 높아진다. 그리고 네가 말한 것을 네가 듣기 때문에 그 말에 책임질 수 있게 된다."

이런 이야기를 들으며 자란 친구는 지금 변호사가 되었습니다. 주변에서 누군가가 비교하고 가치를 폄하하면서 지적할 때도 그 친구 뒤에서 지지해준 아버지가 있었기 때문에 그것을 열등감으로 묻어두지 않고 자신의 강점으로 개발할 수 있었던 거지요. 제 자신을 비롯한 우리 엄마들이, 아이들이 다 크기도 전에 싹부터 잘라버리는 그런 사람이 되지 않았으면 좋겠습니다.

다른 사람과 비교당하며 자란 우리가, 부모가 됐다고 어느 날 갑자기 아이의 개성과 각각의 발달 단계를 존중하기는 쉽지 않습니다. 하지만 아이들은 성장 속도가 각기 다르다는 사실을 기억해야 합니다. 아이들은 저마다 기질과 타고난 특성이 있고 사회적 조건과 가정형편도 다르며 성격도 다르기 때문입니다. 개인적인 선호도도 다르고요. 그런데 우리는 자신이 선호하는 대로 사는 것이 얼마나 소중한 일인지를 배운 것이 아니라, 다른 사람들과 맞춰서 사는 것이 편하며, 그래야만 사람들 사이에서 소속감을 느낄 수 있고 중요한 존재가 된다고 학습했습니다. 이건 슬픈 일입니다.

다른 아이가 아닌 내 아이의 성장에 초점 맞추기

내 아이가 다른 아이보다 잘하면 엄마로서 기분이 좋은 것은 당연

아이들은 그 자체로 아름다운 것이지
다른 별보다 아름다운 게 아닙니다.
별은 그냥 별일 뿐입니다.

합니다. 하지만 다른 아이들과의 비교가 아닌 내 아이의 성장에 초점을 맞추면, 일의 결과가 아니라 과정이 주는 기쁨을 알게 됩니다. 내 아이의 성장 기준은 다른 아이들이 아니라 철저하게 어제의 내 아이여야 한다는 것을 기억하면 좋겠습니다.

우리가 크면서 들었던 말들이 떠오른다면 '아, 내가 내 삶의 속도 대로 살아가지 못했구나. 나도 모르게 남들과 비교하며 살았고, 다른 사람들의 삶의 속도에 나를 비교하며 다그쳤구나.'라고 생각할 수 있어야 합니다. 사회적 관점에 길들여지고 떠밀리며 겪은 숱한 좌절을 돌아보고, 아이의 성장 속도와 발달에 맞춰 좀 더 존중하고 배려하면서 도와줄 수 있는 힘은, 우리가 자라면서 겪은 무력감이나 좌절감을 반복하지 않겠다는 결심에서 나온다고 봅니다.

우리 아이들은 다르게 살아야 하지 않을까요? 엄마들이 먼저 그 변화에 앞장서면 좋겠습니다. 하늘을 보면 얼마나 별이 다양하고 예쁜가요. 별이 하나만 떠 있다면 너무 외롭지 않을까요? 아이들은 각자 수많은 별 속에 서 있는 주인공입니다. 아이들은 그 자체로 아름다운 것이지 다른 별보다 아름다운 게 아닙니다. 별은 그냥 별일 뿐입니다. 우리 모두가 같이 있으면 행복하고 아름다운 별입니다.

비고하고 싶다면 철저하게 내 아이의 전before과 후after를 비교하면서 앞으로 더 잘할 수 있도록 도와줘야 합니다. 비교 대신 옳은 것, 중요한 것을 가르치려고 마음먹었다면 오늘은 우선 있는 그대로의 모습을 존중하는 태도로 아이를 맞이해보세요. 그리고 혹 맘에 들지 않는 아이의 모습이 있으면 잠깐 이렇게 생각해보세요.

○ 비고 대신 있는 그대로의 모습을 존중해주세요.

"초등학고 고학년이나 됐는데 아직도 하라고 해야 양치를 하니?"

➜ "건강을 지키는 건 중요하단다."

○ 사회적인 기준에서 잠시 벗어나보세요.

"초등학고 고학년이나 됐는데 아직도 혼자 못 자면 어떡하니?"

➜ "두려울 수 있어. 그건 감정이니까. 어떻게 도와주면 혼자 잘 수 있을 것 같아?"

○ 아이의 잠재력과 현재 위치, 현실적 역량을 인정해주세요.
아이의 지금 노력이 최선임을 인정하는 것입니다.
지금 내 아이는 자신이 할 수 있는 최선의 방식대로
행동하고 있음을 생각하세요.

중학생이나 돼서 30분도 집중을 못 하니?"

➜ "집중하기가 힘든가 보구나. 그래도 애써줘서 고맙다."

"좀 더 잘할 수 없니?"

➡ "노력해주어서 고맙다."

○ 어떤 문제에 부딪혔다면 아이가
　조금 더 잘할 수 있는 방법을 제안해보세요.

"이걸 성적이라고 받아왔냐?"

➡ "다른 방법을 고민해보자."

○ 다른 아이가 아닌 '내 아이의 예전보다
　조금 더 나은 방법'으로 제안해보세요.

"다음엔 무조건 90점 이상 받아!"

➡ "공부하는 시간을 하루에 10분씩만 늘려서 일주일간 해보자."

10
아이의 실수를 성장의
기회로 삼기

"엄마가 조심하랬지!"라는 말 대신

엄마로서 매일 실수하는 자신을 볼 수 있으면
아이의 실수에 좀 더 너그러워질 수 있습니다.

    얼마 전 제가 제주도에 다녀올 때의 일입니다. 김포공항에 도착해 화장실에 갔는데, 바로 제 앞에 있던 어떤 엄마와 딸이 들어간 옆 칸이 비어 거기로 들어갔습니다. 막 나오려는데, 옆 칸의 엄마가 딸한 테 정말 느닷없이 소리를 지르는 거예요. "악!" 하는 소리가 크게 들려 저는 엄마가 크게 다쳤나 보다 생각했는데 뒤이어 화장실이 울릴 만큼 고함소리가 이어졌습니다. "엄마 아프잖아!" 잠시 후 딸이 "엄마 아팠어?"라고 조심스러운 목소리로 묻더군요. 그런데 엄마가 다시 큰소리로 "당연하지! 엄마가 조심하랬잖아! 얘가 왜 이래, 진짜!"

라며 정말 앙칼진 목소리로 말을 쏟아냈습니다. 듣는 저까지 불편해지더군요. 화장실에서 나와 보니 다른 사람들이 "아유, 애 잡겠네. 그만 좀 해요.", "애도 놀랐을 텐데."라며 웅성거렸습니다. 그 상황을 직접 보지 못해 무슨 일인지는 모르지만, 실수에 대해 그렇게 소리를 지르면 아이의 심장이 쪼그라들 것 같다는 생각이 들었습니다.

아이들은 왜 자꾸 같은 실수를 반복하고, 그럴 때 우리는 왜 그렇게 화가 나는 걸까요?

우리도 머리로는 어떻게 말하고 행동하는 것이 아이에게 교육적이고 바른지 충분히 알고 있습니다. 그리고 남의 집 아이가 실수할 때는 참 너그럽죠. 그런데 내 아이가 못마땅한 행동을 하거나 실수를 반복하면, 누구보다 아이를 사랑하면서도 가장 폭력적이고 미숙한 방식으로 아이를 야단칩니다. 그런 행동을 비난할 의도는 전혀 없습니다. 하지만 아이들의 실수나 고쳐주고 싶은 행동에 대해 어른들이 어떻게 대처하는지는 아이들의 성장에 굉장히 중요한 영향을 미친다는 것을 부모들이 알았으면 좋겠습니다.

실수를 비난하고 화낼 때

누군가 강압적으로 말하면 저항감이 올라옵니다. 그래서 상대가 볼 때만 원하는 바에 맞춰주며 수동적으로 대처해 결국 모든 일에서 의욕과 효율이 떨어집니다.

1. 저항감

어릴 때 공부하려고 하면 엄마가 "공부 좀 해라! 넌 도대체 내일이 시험인데 생각이 있는 거니? 당장 들어가!"라고 말해 갑자기 하기 싫어진 경험, 다들 있을 겁니다. 저항감이 올라와 책상에 앉아도 공부에 집중하기가 힘들었을 겁니다. 아이들은 물론 성인도 상대가 강압적으로 대할수록 저항감이 들고, 복종하더라도 기쁨이나 열정이 사라지고 맙니다.

2. 도전 회피

부모가 아이들의 실수에 대해 화를 내고 윽박지르면 저항감만이 아니라 두려움과 불안을 느끼게 됩니다. 두렵고 무서우면 목소리도 작아지고 행동도 움츠러들고 눈치를 보며, 새로운 어떤 행동이나 도전으로부터 멀어집니다. 조직에서 강압적인 상사를 만나면 조직의 침묵 현상이 초래되듯이, 부모가 강압적이면 아이들은 새로운 것에 도전하지 않고 부모의 눈치만 살피지요. 더욱이 창의적인 생각이나 아이디어들은 꼭꼭 숨겨놓아 그 기능이 퇴화합니다. 그래서 누군가를 이끌고 가는 직책을 맡고 있거나 아이를 돌보는 엄마들에게 똑같이 중요한 것이 있습니다. 바로 사람을 대하는 태도입니다.

아이가 어릴 때 식탁에 우유를 쏟았는데 유리 사이로 우유가 다 새어 들어갔어요. 순간 저도 모르게 "너, 엄마가 조심하라고 몇 번을 얘기했어. 실수 좀 하지 마!"라면서 막 소리를 질러댔어요. 돌이켜보면 그렇게 화낼 일이 아니었는데 어린아이한테 그렇게 소리를 질렀던 거예요. 아이가 자기가 닦겠다며 휴지를 들고 왔는데 제가 다시 말했죠.
"저리 가, 내버려둬. 엄마가 할 테니까!"
그 후로 아이가 우유를 안 먹으려고 했어요. 자기가 또 쏟을까 봐 그랬다는 걸 그때는 몰랐죠. 그 생각을 하면 너무 미안하고 가슴이 아픕니다.

실수를 통해
배우는 힘

아이들의 실수를 다른 각도에서 생각해보는 것이 필요합니다. 사실 아이들은 실수하면서 배우잖아요. 조작 능력도 어른보다 많이 떨어지고요. 아이들은 배워가는 존재로 우리에게 보내졌습니다. 그런데 엄마들에게는 쉬운 일이기 때문에 "너는 왜 이렇게 부주의해!"라고 비난하게 됩니다. 이럴 때는 아이가 실수할 수 있다는 걸 먼저 인정해주는 게 좋습니다. 어른도 실수를 많이 하니까요.

저는 제 아들에게 "네 물건 간수 좀 잘해."라는 얘기를 많이 하는데 사실 저 역시 제 물건을 어디다 놨는지 기억하지 못할 때가 많습니다. 심지어 휴대전화를 들고 통화하면서 휴대전화를 찾기도 합니다. 그런데 아들이 뭔가를 잃어버리면 그 꼴은 못 보겠는 거예요. 누구나 실수할 수 있고, 실수하니까 인간이라는 것을 인정하고 아이를 생각하면 이해해주기가 쉬울 거예요.

많은 사람이 자신한테는 관대하고 남한테는 엄격하지요. 자신에게 너그러운 만큼 아이가 서툴기 때문에 실수할 수 있다는 걸 이해한다면 "아, 실수했구나."라고 말할 수 있게 됩니다. '대화는 결국 의식의 반영'입니다. 평소에 '실수할 수 있지.'라고 생각하면 실제 대화에서도 "실수할 수 있어."라고 말해줄 수 있습니다. 그 대처에 따라 창의적인 아이 또는 두려움 때문에 익숙한 것에 머무는 아이가 될 수 있습니다.

아이의 성장을 막는 문제 해결 행동

우리 아이가 좋아하는 인형을 강아지가 다 물어뜯었어요. 그것을 본 아이는 정신없이 울기 시작했죠. 그런데 저는 '네가 강아지가 물어올 수 있는 장소에 인형을 놓은 게 실수였어.'라는 생각이 먼저 들었습니다. 하지만 아이가 너무나 슬프게 울어 "엄마가 새로 사줄게. 울지 마."라고 말했죠. 울음을 빨리 그치게 하고 싶었거든요. 어쩌면 제가 아이가 소중한 것을 잃었을 때의 상실감을 느끼는 과정을 끊어버린 것은 아닐까, 아이가 자기 행동에 대해 책임져야 한다는 것을 배울 기회를 빼앗은 것은 아닐까 하는 생각이 듭니다.

실수한 아이를 윽박지르고 비난하고 화를 내는 것은 위험한 방법입니다. 하지만 아이가 실수했을 때 "괜찮아. 엄마가 해줄게."라며 다 처리해주는 것도 아이의 도전을 가로막는 행동입니다. 자기 실수인데 엄마가 알아서 해결해줄 거라 믿으며 게을러질 수 있고, 그 일을 빠르게 처리하지 못하는 엄마에게 책임을 돌리며 회피할 수도 있습니다.

그렇다면 아이가 실수했을 때 어떻게 대처해야 할까요?

더 나은 대안을 갖고 있는
아이에 대한 신뢰

우리는 순간의 화를 참지 못하고 아이에게 소리를 지른 뒤 금세 후회합니다. 그러면서 훈육 방법을 고민하고 연습하며 성장해가지요. 우리도 실수를 통해 배워가는 것입니다.

누구나 자기의 실수를 어떻게 처리해야 하는지 알고 있습니다. 중요한 것은 반성과 깨달음이고, 그 후에 스스로 선택해서 행동할 힘을 확인하는 것이지요. 아이들에게도 스스로 더 나은 선택을 할 수 있는 힘이 있습니다. 아이가 실수했을 때 조금만 시간을 주면 아이 스스로 이 실수를 어떻게 처리해야 할지 생각하게 됩니다. 우리가 할 일은 방법을 가르쳐주는 것이 아니라 아이에게 질문하고 처리할 시간을 주는 것입니다.

물론 급한 일들도 있습니다. 예를 들어 엄마가 프라이팬에 무언가를 튀기고 있을 때 "위험하니 저쪽으로 가 있어."라고 여러 번 얘기했는데도 아이가 계속 서 있다가 프라이팬 손잡이를 쳐서 아이에게 기름이 튀었다면, "너 실수했구나. 어떻게 해결하면 좋을까?"라고 얘기할 수 없지요. 덴 부위를 재빨리 찬물로 식히고 연고를 바르거나 병원에 가야 합니다. 하지만 아이가 우유를 쏟았다면, 그건 위험하거나 급한 상황이 아니기 때문에 아이에게 처리할 시간과 기회를 주면 됩니다.

"실수했구나. 어떻게 하면 좋을까?"

"닦아야 해요, 엄마."

"저쪽에 행주 있으니 네가 갖고 와서 닦아볼래?"

이런 식으로 제안할 수 있겠지요.

아이에게 자신의 실수를 스스로 처리할 수 있도록 기회를 주는 것은 굉장히 중요합니다. 그리고 많은 경우 아이들의 문제 해결 아이디어는 놀라울 정도입니다.

아이의 실수를 줄이고 싶다면 말한 내용 되물어 확인하기

아이가 똑같은 실수를 반복할 때 "몇 번을 얘기해야 알아들어!"라고 말하는 것은 별 도움이 되지 않습니다. 이럴 때는 아이와 눈을 맞추고 "이건 정말 중요한 거야."라며 이야기를 해야 합니다.

다만 이런 표현은 실수를 한 직후보다는 시간이 지나 침착해졌을 때 다음을 대비해서 하는 것이 좋습니다. 그 순간에는 "몇 번을 얘기했어."라는 말이 습관적으로 나올 수 있기 때문입니다. 예를 들어 아이와 에스컬레이터를 탔고 내릴 때 조심해서 발을 내딛어야 한다고 말하려는 찰나 아이가 뛰어내린 상황이라면 어떨까요? 걱정이 화로 바뀌어 아이에게 야단을 치겠지요. 그러나 바로 그 순간 야단을 치는 게 아니라 감정을 가라앉힌 다음에 아이를 부르는 거예요.

"잠깐만 와봐. 아까 에스컬레이터에서 네가 뛰어내렸잖아. 계단을 주시하고 있다가 마지막에 발을 잘 디디는 건 정말 중요한 거야. 왜냐하면 그래야 안전하고, 엄마는 네가 안전한 게 제일 중요하거든. 엄마랑 내리는 연습을 해보자."

먼저 그것이 왜 중요한지 설명해줘야 합니다. 이때는 말의 의도가 잘 전달되도록 반드시 아이의 눈을 보고 이야기하세요. 엄마가 다른 일을 하면서 얘기하는 게 아니라 아이와 눈을 맞추고 "이건 중요한 거야."라고 얘기하는 겁니다.

이런 대처가 매 순간 가능하지는 않을 수도 있습니다. 엄마도 지치는 날이 있고 유난히 힘든 날이 있지요. 그럴 때는 아이의 작은 실수에도 짜증이 나고 화가 날 수 있기 때문입니다. 그러나 엄마는 아이와 달리 자신을 돌볼 힘이 있습니다. 엄마 자신을 잘 돌보면서 아직은 엄마의 마음을 헤아리기 어려운 아이의 입장을 먼저 생각해주어야 합니다.

공감톡

아이가 실수를 저질렀다면 다음 순서로 대화해보세요.
물을 엎질렀다고 해볼까요?

1. 실수할 수 있음을 상기합니다.
   "엄마가 조심하랬잖아!" ➡ "누구나 실수할 수 있어."
2. 어떻게 처리할지 아이와 의논합니다.
   "행주 갖고 와!" ➡ "어떻게 할까?"
3. 방법을 제안하거나 아이의 방법을 격려해줍니다.
   "저리 가 있어." ➡ "휴지 갖고 왔구나. 잘했어. 네가 치워봐."
   "양이 많으니까 휴지보다 행주로 하자. 저기 있는 행주 들고 와봐."

아이가 꼭 알았으면 하는 일을 가르쳐줄 때는
다음 순서로 대화해보세요.

1. 중요한 것임을 알려주세요.
   "이건 아주 중요한 거야."
2. 하던 일을 멈추고 아이와 눈을 맞춘 채 말해주세요.
   "엄마 눈을 봐. 사람들이 있는 곳에서는 작은 소리로 말하고 뛰지 않고 걸어 다니
   는 거야."
3. 아이 입으로 반복할 수 있도록 되물어주세요.
   "방금 엄마가 한 말을 들은 대로 얘기해볼래? 엄마가 뭐라고 얘기했지?"

11
욕 대신 건강한
표현 방식 알려주기

"욕하지 말랬지?"라는 말 대신

자신이 원하는 것을 찾아가도록 돕다 보면

아이들의 욕설은 차츰 줄어듭니다.

저는 욕에 대한 거부감이 무척 컸습니다. 어릴 때 아버지에게 욕을 많이 들었는데, 그 기억이 너무 싫어서 절대 욕을 하지 않겠다고 다짐했지요. 그래서인지 욕하는 사람을 아주 싫어했습니다. 웃으면서 욕을 주고받는 친구들이 있으면 멀리 떨어져 있었던 기억이 납니다. 누구에게든 장난 섞인 욕조차 하지 않았죠. 상대에게 불쾌한 말이나 욕설은 자제하는 것이 옳다고 믿으면서 성격이 굳어진 것 같습니다.

사람의 성격은 여러 방식을 통해 형성됩니다.

첫 번째, 심리학자 알버트 반두라의 인지적 사회학습 이론 중 하나인 모델링입니다. 말 그대로 아이들이 듣고 보고 따라 하면서 성격으로 형성되는 것이죠.

두 번째, 듣고 보면서 '나는 절대 저러지 말아야겠다.'라고 거부함으로써 다르게 행동하며 성격이 굳어집니다.

세 번째, 가장 성숙한 방식은 승화시키는 것입니다. 제가 무의식적으로 폭력과 욕설을 거부하고 피하면서 저의 정체성을 만들어갔다면, 승화는 조금 다른 의미입니다. 승화와 초월은 '아, 내가 이런 부분을 아버지로부터 배웠구나. 이런 부분은 하면 안 되겠구나.'라고 깨닫는 동시에 '어떻게 행동하는 것이 유익할까?'까지 고민하고 행동하는 것입니다. 그렇게 의식적으로 선택하면서 자기 성격을 형성해가는 거지요. 승화야말로 건강하고 지혜로운 방식입니다.

욕을 하는 이유

아이들은 왜 욕을 할까요?

– 친밀감의 표현으로 욕을 합니다.

– 유행하는 언어에 민감하기 때문에 욕을 합니다. 주변 아이들이 욕을 하는 경우, 그래야 아이들 사이에서 소통되기 때문이지요.

– 속이 상할 때 욕을 합니다. 상대의 마음을 괴롭게 함으로써 자기의 고통스러운 마음이 이해받기를 원할 때도 욕을 합니다.

- 과시욕과 멋있어 보이고 싶은 마음에 욕을 하기도 합니다.

- 관심을 끌고 싶거나 자신이 부당한 대우를 받았다고 생각해 이해받고 싶을 때도 욕을 합니다.

- 어른들이나 대중매체를 통해 모델링을 하고 보고 들은 대로 욕을 할 수도 있습니다. 꼭 부모에게 배우지 않아도 할 수 있고, 반대로 부모에게 배워 아주 감칠맛 나게 욕을 하는 아이들도 있죠.

초등학교 고학년 이상인 아이들 사이에서는 서로 욕을 해야 친하다고 인정하는 문화도 있다고 합니다. 아무한테나 하는 게 아니라 친구들끼리 상용되는 문화가 있다는 거예요. 제 아들도 엄마가 너무 예민하게 받아들이지 않았으면 좋겠다고 말하더군요. 특히 남자아이들의 문화 속에는 아직도 욕이 남성성을 보여주는 표현 방식 중 하나로 남아 있는 것 같습니다.

이런 문화가 부모들이 아이들에게 남성성과 여성성을 구별해서 가르친 결과는 아닌지도 한번 생각해보면 좋겠습니다. 아들을 키우는 부모들은 어릴 때는 "엄마 속상했어?", "엄마, 사랑해." 같은 말을 자연스럽게 했던 아들이 커가면서 거친 말을 하는 상황에 익숙해져 갑니다. 부모들도 무의식적으로 "남자답게 행동해.", "오빠가 여동생을 보호해주는 거야."라는 식으로 남성성을 주입하지요. 남자아이들은 감정에 대한 민감성과 공감 능력을 잃어버리도록 교육 받는 거죠. 그러다 보니 부드러운 기질을 가진 남자아이의 경우 학교에 가면 친구들이 "너는 남자애가 왜 그래?", "너는 여자애들이랑 놀아."라면서 놀리지요. 욕을 하면 남성다운 것처럼 인식하는 현상이 아직도 우리 사회에 존재한다는 사실이 안타깝습니다.

욕을 하고 싶은 마음, 욕을 듣고 싶지 않은 마음

요즘 아이들은 갈수록 SNS를 빨리 접하고, 휴대전화를 통해 수시로 영상과 언어들을 접하다 보니 표준어가 아닌 표현들도 빠르게 습득합니다. 아이들은 폭발적으로 언어를 배워가는 시기이기 때문에 금기시할수록 궁금해하고 해보고 싶어 합니다. 그러나 호기심이나 재미로 한두 번 해보는 것과, 화가 나거나 속상할 때마다 소리를 지르거나 무언가를 던지고 친구나 타인을 향해 욕을 하는 것은 분명다른 이야기입니다.

제 아들이 초등학교 때 친구랑 다투고 온 적이 있습니다. 친구에게 욕을 듣고 분해서 씩씩거리고 있었죠. 저는 "친구가 욕을 한다고 너도 똑같이 욕으로 반응할 필요는 없어."라고 말했습니다. 예측대로 아들은 저항했습니다.

"엄마는 여자라서 남자들 세계를 몰라요. 친구들이 욕하는데 저만 안 하면 바보 되는 거예요."

그래서 아들에게 물었습니다.

"모든 친구가 서로 욕을 하니? 어떤 친구들은 상대가 욕을 해도 그냥 지나갈 거야. 그 친구들은 바보라서 그러는 걸까? 누군가가 엄마에게 욕을 해도 엄마는 똑같이 욕을 하지는 않을 거야. 그러면 그 사람도 엄마에게 더 이상 욕을 할 의욕이 사라진단다. 욕을 하지 않는 사람은 욕을 들을 가능성이 훨씬 줄어든다고 생각하는데, 네 생각은 어때?"

아들은 제 말에 동의는 했지만 행동으로 옮기지는 않았던 것 같습니다.

사람들은 욕을 듣고 싶어 하지 않습니다. 하지만 화가 나거나 상대에게 모욕을 주고 싶을 때 등 다양한 이유로 욕을 하고 싶어 하지요. 그럼 어떤 사람들이 욕을 듣지 않는지 아이들이 알 필요가 있습니다. 욕을 하지 않는 아이들은 욕을 들을 확률이 줄어듭니다. 한두 번은 약을 올리기 위해 할 수도 있지만, 그 욕에 대응하지 않으면 상대도 재미가 떨어져서 욕을 하지 않게 되는 거지요.

건강한
자기표현

욕은 무엇일까요? 욕은 남을 흠집 내고 남의 명예를 실추시키는 말을 의미합니다. 또 조롱하고 수치심을 주면서 낙심하게 만드는 말이지요.

그렇다면 '바보'는 욕일까요? 어떤 사람에겐 바보라는 단어가 사랑의 의미로 기억되어 있고, 어떤 사람에겐 바보가 순진하고 순수한 어떤 상징의 단어일지 모릅니다. 그러나 어떤 사람에겐 치명적인 자극의 말일 수 있습니다. 그렇다면 '개새끼'는 어떨까요? 초등학교 고학년 이상 남자아이들에게 물어보면 친구들끼리 주고받는 친근함의 표현이라고 합니다.

욕의 뜻은 말할 수 있지만, 어떤 단어가 욕이라고 단정하기는 쉽지 않습니다. 누가 어떤 상황에서 하는지에 따라 다르게 들릴 수 있기 때문이죠. 제 아들이 "엄마는 바보야."라고 했을 때는 화가 나지 않았습니다. 오히려 귀엽고 사랑스러웠죠. 이렇듯 욕은 사람에 따라 다르게 들리는 주관적인 표현일 수 있습니다.

중요한 기준은 말하는 사람이 아니라 듣는 사람의 마음입니다. 받아들이는 사람이 원치 않는다면 그것은 욕설로 들린다는 뜻입니다. 자신이 하는 말이 상대에게 불편함을 주고 모욕을 느끼게 한다면 고쳐야 합니다. "그런 의미가 아닌데 왜 그렇게 나쁘게 해석하니?"가 아니라 "네가 불편했다면 앞으로 조심할게."라고 말하는 것이 중요하지요.

아이들에게도 마찬가지입니다. "엄마가 나 바보라고 하는 거 싫어."라고 한다면, "그게 뭐가 싫어? 귀여워서 하는 말인데."라고 하지 말고 "불편했구나. 왜 불편했는지 말해볼까? 엄마가 다음에는 어떻게 불러줄까?"라고 말하는 것이 건강한 대화입니다.

마찬가지로 아이들이 재미나 호기심으로 한두 번 하는 것이 아니라 화가 날 때, 친구와 다툴 때, 그리고 공공장소에서도 욕을 한다면 아이와 얘기해볼 필요가 있습니다.

"네가 욕을 하면 상대가 상처를 받고 기분도 안 좋아. 그러면 너에게 화를 내게 되니까 문제를 해결하는 데 도움이 안 돼. 화가 났을 때는 어떻게 하는 것이 좋은지 같이 방법을 찾아보자."

차라리 소리를 크게 지르며 "나 지금 화가 많이 나."라고 하는 것이 욕을 하는 것보다 훨씬 좋습니다. 소리를 지르는 것도 자기 마음을 이해해달라는 호소의 한 방법이니까요.

신뢰를 바탕으로 한 관계에서는 다소 거친 표현을 해도 기분이 나쁘지 않습니다. 말이 아니라 어떤 상황에서 어떤 사람에게 하느냐가 중요하죠. 그러나 아이들은 그런 것을 분별할 수 없기 때문에 엄마가 보기에 '친구들과 한두 번 재미로 했구나.' 싶으면 그냥 넘어가더라도, 듣는 사람이 불편함을 느끼고 힘들어한다면 다르게 표현하는 방법을 가르쳐주어야 합니다. 특히 아이가 습관적으로 욕을 하고 물건을 던진다면 제대로 자리에 앉혀놓고 진지한 얼굴로 아이와 얘기해야 해요. 그렇다고 "누구한테 들었어, 어디서 배웠어, 그런 말 또할 거야, 맞아볼래, 엄마가 똑같이 얘기해볼까?"라는 식으로 말하라는 게 아닙니다. 아이가 다르게 말하도록 가르쳐주어야 합니다.

"네가 욕을 하면 네 마음이 어떤지 알 수도 없고 알아주고 싶지도 않아. 그러니까 네가 다르게 얘기해야만 해. 그래야만 네가 화가 났다는 걸 다른 사람이, 엄마가 알아줄 수 있어. 그럼 어떻게 해야 하는지 엄마랑 이야기해보자.", "화가 났어? 그럼 화가 났다고 소리쳐도 돼. 욕하는 것보다 그게 훨씬 더 이해받을 수 있어."라는 식으로요.

어떤 경우라도 기억할 것은, 아이들이 크면서 욕을 하는 것도 자연스러운 과정이라는 사실입니다. 또 아이들이 습관적으로 욕을 하기 시작했다면 도움이 필요하다는 신호일 수 있습니다. 아이들이 욕이 아닌 다른 말로 자신의 감정을 표현할 수 있도록 도와주는 것이 엄마가, 부모가 해줄 일이겠지요.

공감톡

아이들이 성장하며 욕을 하는 경우
큰 죄책감을 갖지 않도록 먼저 아이의 마음을 이해해주세요.
"어떻게 그런 말을 하니?" ➔ "어른들도 욕을 할 때가 있고, 엄마도 어렸을 때 해본 적이 있어."

아이가 진짜 말하고 싶어 하는 것을
어떻게 도울 수 있을지 생각해주세요.
"다시는 병신이라는 나쁜 말은 하지 않겠다고 약속해!" ➔ "그 말 대신 화가 났다고 크게 소리를 질러도 좋고, 일단 다른 곳으로 몸을 피해도 좋아."

화가 난 이유를 말할 수 있도록 도와주고,
욕을 하면 어떤 일이 생기는지 설명해주세요.
"또 나쁜 말하면 혼날 줄 알아." ➔ "네가 왜 화가 났는지 설명하면 너를 이해할 수 있고, 엄마가 널 도와줄 수 있어."

12
아이의 협조를 구하고 싶을 때 부탁하는 태도와 방법

"엄마가 분명히 하지 말라고 했다!"라는 말 대신

자신이 원하는 것을 상대가 알아서 해주기를 바랄 때

강요라는 커다란 폭력의 힘 중 하나를 갖게 됩니다.

대화 훈련을 진행하다 보면 직장에서의 소통 문제를 다루어도 가족 이야기가 나옵니다. 가족은 특수한 공동체로, 사랑이라는 감정과 의지적인 행위가 수반되고 끝없는 책임과 역할이 존재하는 공간이 가정입니다. 그래서 가족 관계의 대화에서 많이 경험하는 것이 부탁과 강요의 혼재죠.

아이가 태어났을 때를 생각해보세요. 신생아 때는 자고 일어나 울고 먹고, 또 자고 일어나 울고 먹는 일을 반복합니다. 엄마들은 이때 아이가 말이라도 할 수 있으면 얼마나 좋을까, 하고 생각하죠. 그런데 어른이 되어서도 신생아처럼 자신이 원하는 것을 말하지 못하는 사람이 많습니다. 마음이 상하거나 자신의 욕구가 뜻대로 이루어지지 않으면 말은 하지 못하고 인상만 쓰고 있지요. 상대가 "무슨 일 있어?"라고 물으면 "아무 일 없어. 화난 거 아니야."라고 하면서 말입니다.

욕구를 담은 부탁은 말로 정확하게 표현하지 않으면 실현되기 어렵습니다. 많은 사람이 자신이 원하는 것을 구체적으로 말하지 않고 속으로만 웅얼거린 뒤 '내가 이 정도로 하면 알겠지.'라고 생각하며 충분히 표현했다고 착각합니다. 그러고는 상대가 자기의 속내대로 움직이지 않으면, '거봐, 말해봐야 소용없다니까.'라며 사람들은 자기 부탁을 들어주지 않는다고 단정짓습니다. 이런 경우 상대가 알아서 해주지 않는 것은 당연합니다. 만약 이때 원하는 것이 이루어진다면 오히려 기적이지요.

우리는 언젠가부터 배우자나 부모님, 그리고 아이들에게 자신이 원하는 것을 명료하게 말하는 것은 자존심 상하는 일이라고 생각해온 것 같습니다. 그래서 내내 참다가 가끔 알 수 없이 울고, 속내를 쏟아내고는 후회를 반복하는 것이지요. 알아서 해주기를 바라는 분위기의 가정에서 살고 있다면, 이제 원하는 것을 잘 표현하는 방법을 같이 배워보면 어떨까요? 엄마인 우리가 먼저 자신의 욕구를 능동적으로 잘 표현하면, 아이들도 그런 언어를 경험하면서 배워 건강한 대화 습관을 갖게 될 것입니다.

어떻게 원하는 것을 얻을 것인가
– 강요와 부탁의 차이

엄마가 자녀에게 "이번 주말에 할머니 댁에 가서 맛있는 밥도 먹고 놀다 올까?"라고 했다면 이건 부탁일까요, 강요일까요?

아마 대부분이 부탁 같다고 할 것입니다. 그러나 이 말이 부탁인지 아닌지는 아직 알 수 없습니다. 만약 이 말을 들은 아이가 "나는 할머니 집 멀어서 가기 싫어. 집에서 친구랑 놀래."라고 했을 때, 엄마가 어떤 반응을 보이는지를 보아야만 엄마가 한 말이 부탁이었는지 강요였는지를 알 수 있습니다.

엄마가 "그렇구나. 그럼 토요일 낮에는 친구랑 놀고 저녁에는 할머니 댁에 가는 건 어때? 너 좋아하는 전철 타고 가자. 그럼 멀게 느껴지지 않을 거야. 좋아?"라고 묻는다면 부탁이 맞습니다. 그러나 엄마의 반응이 다음과 같다면 이야기가 다릅니다.

① "그래. 그럼 너 혼자 집에 있어. 아무도 없어서 무서울 텐데 그래도 엄마는 몰라."라고 하면서 아이의 마음에 두려움과 불안을 심어주는 것은 강요입니다.

② "네가 안 가면 할머니가 얼마나 슬프시겠어. 그래도 집에 있을 거야?"라고 하면서 아이에게 죄책감과 미안한 마음을 심어준다면 강요입니다.

③ "너 참 이기적이다. 너는 어떻게 매번 네가 하고 싶은 것만 말하니? 누가 널 좋아하겠어!"라고 하면서 아이의 마음에 수치심을 심

어주는 것은 강요입니다.

    대부분의 부모들은 아이들이 무엇을 중요하게 생각하는지 잘 듣지 않습니다. 그리고 아이들이 원하는 것은 자신들이 원하는 것보다 덜 중요하다고 생각합니다. 아이들은 잘 모르기 때문에 어른이 하자는 대로 해야 한다고 생각하는 경우도 많습니다. 하지만 아이들은 취약할 뿐 온전한 존재입니다. 아이들이 원하는 것을 잘 들어줄 때 부모들이 원하는 것도 잘 이루어진다는 것을 꼭 기억할 필요가 있습니다. 부모가 배워야 할 것은, 어떻게든 자신이 원하는 것을 이루어내는 '결과'가 아니라 자신이 원하는 것과 아이가 원하는 것을 잘 조율하는 방법입니다. 원하는 것을 말로 잘 표현하는 기술도 필요합니다.

아이의 협조를 구하고 싶을 때 1
: 긍정적인 표현의 힘

저는 아들만 둘입니다. 큰애는 여덟 살, 둘째는 여섯 살인데 평소에 둘이 무척 친해요. 그런데 둘이 목욕을 하라 하고 저는 밥을 하던 어느 날, 둘째가 오리 고무인형을 갖고 탕 안에서 놀고 있는데 큰애가 그것을 뺏었어요. 돌려달라고 해도 돌려주지 않자 둘째가 저를 불렀습니다. 그 광경을 본 저는 큰애한테 "동생 물건 뺏지 마."라고 말했어요. 잠시 후 둘째가 울며 저를 다시 불렀고 저는 살짝 짜증이 난 상태로 갔습니다. 둘째는 형이 자꾸 자기 얼굴에 물을 튀게 한다고 했습니다. 저는 큰애한테 경고를 했죠.

"너 한 번만 더 동생 괴롭히면 다신 목욕 같이 못 해."

잠시 후 둘째가 엉엉 울면서 알몸으로 부엌으로 왔습니다. 형이 때린 거지요. 저는 너무 화가 나서 큰애한테 가서 소리를 질렀어요.

"너, 엄마가 동생 괴롭히지 말라고 했지!"

이럴 때는 어떻게 말해야 할까요?

이 이야기를 듣고 엄마가 얼마나 힘이 들까 생각했습니다. 한창 짓궂을 나이의 남자아이 둘을 키우려면 엄마는 엄청난 에너지를 소비해야 하니까요. 기억해야 할 것은, 가족 간의 부탁은 내가 최선을 다해서 할 뿐 상대는 언제나 거절할 수 있다는 것입니다. 아이들의 "싫어. 안 할 거야."라는 말을 하루에 다섯 번만 들어도 미쳐버릴 것 같은 엄마가 많을 겁니다. 그럼에도 불구하고 엄마들이 잘 부탁하는 방법을 배우고 연습한다면 지금보다 훨씬 행복하고 평화롭게 살아갈 수 있을 거라 확신합니다.

이 엄마는 최선을 다했습니다. 부엌에서 밥을 차리고, 두 형제가 다투지 않도록 여러 번 왔다 갔다 하면서 도왔지요. 그러나 결과는 좋지 않았습니다. 누군가에게 부탁할 때 꼭 필요한 첫 번째 기술은 긍정적인 단어를 사용하는 것입니다.

"동생 물건 뺏지 마."는 부정적인 의미를 내포합니다. "~마."라는 말 대신 "~하면 좋겠다."를 사용하면 어떨까요? "동생 물건은 동생에게 주고, 네가 갖고 놀고 싶은 물건은 방에서 가져오면 좋겠다. 엄마가 갖다줄까?"라고 말입니다. 또 "너 한 번만 더 동생 괴롭히면 다신 목욕 같이 못 해."라는 말은 협박이자 부정적인 표현입니다. 이말은 "동생과 목욕할 땐 서로 즐겁게 놀 수 있는 방법을 찾아야 하는 거야. 어떤 방법이 있을까?"라는 말로 바꿀 수 있을 겁니다.

　이 말들이 정답은 아닐 수 있습니다. 그러나 우리의 뇌는 이미지를 연상하고 그 이미지를 따라갑니다. 어떤 이미지를 머리에 떠올리면 그 잔상이 뇌에 오래도록 남아 떠오릅니다. 그래서 아이들에게 무언가를 부탁할 때는 이미지를 연상할 수 있는 긍정적 표현이 효과적입니다. "그렇게 막 때리면 안 돼!"라는 말은 아이들에게 때리는 이미지를 떠올리게 하지만, "엄마한테 뛰어와서 도와달라고 말해."라고 하면 아이들은 엄마에게 뛰어가는 것을 입력합니다. 아이들의 뇌에 무엇을 연상시키고 남길 것인지는 부탁할 때 생각해야 하는 중요한 기술입니다. 원하지 않는 것이 아니라 원하는 것을 말해야 한다는 것을 꼭 기억하세요.

아이의 협조를 구하고 싶을 때 2
: 구체적인 표현의 힘

저희 아이는 수줍음이 많아서인지 학교에서 말을 잘 안 합니다. 저는 그 점이 늘 걱정스러워요. 공개 수업에 참여한 적이 있는데, 다른 아이들은 다 번쩍번쩍 손을 들고 발표하는데 우리 애만 가만히 앉아 있는 모습을 보니 속이 터져 죽겠더라고요. 앞으로 어떻게 해야 좋을지 몰라 걱정도 되었어요. 그러다 보니 저도 모르게 "넌 왜 그렇게 바보처럼 가만히 있어?"라고 해버렸습니다. 그럴수록 아이는 더 주눅들 텐데, 너무 속이 상한 나머지 말이 나와버렸어요. 다음 날, 아이를 보면서 "적극적으로 참여해. 알았지?"라고 말하자 아이가 힘없이 고개만 끄덕이고 갔습니다.

도대체 알아듣긴 한 건지 걱정되고 마음이 불편했습니다.

우리는 아이들에게 "자신감을 가져라.", "꿈을 가져라.", "용기를 내라.", "강해져라."라는 말을 자주 합니다. 아이들이 알았다고 대답은 하지만, 어린아이일수록 그게 무엇을 의미하고 어떻게 행동해야 하는 건지 모르기 때문에 실행할 가능성은 줄어듭니다. 부탁할 때 중요한 두 번째 기술은 구체적으로 표현하는 것입니다.

"적극적으로 참여해."라는 말은 아이의 뇌에 그림이 그려지지 않는 모호한 표현입니다. "엄마는 네가 수업 시간에 잘 모르는 질문을 받더라도 일단 손을 귀에 딱 갖다 붙이고 올렸으면 좋겠어. 그리고 네가 아는 만큼만 말하는 거야. 해볼래?"라고 말해야 합니다. 학교에 가는 아이에게 "학교생활 잘하고 와."라고 말하는 것도 모호하지요. 그보다는 "오늘 학교 가서 몸이 아프거나 힘들어 보이는 친구가 있으면 도와주겠다고 말해봐."라고 해야 아이들이 실천하기가 쉬워집니다.

아이들에게는 구체적으로 자세히 설명해줘야 자신들의 능력 안에서 도전해볼 수 있습니다. 중요한 것은 작은 성공의 경험을 늘려주는 거예요. 그래야 아이의 자신감을 높일 수 있습니다. 막연하게 "적극적으로 해봐라.", "자신감을 가져라."라고 하면 오히려 자신감을 잃게 만듭니다. 가정에서 먼저 '다른 의견이 있으면 다른 의견이 있다고 얘기하기', 아이의 목소리가 작다면 아이와 집에서 '큰 소리로 말하기' 같은 방법으로 연습해보는 거지요.

아이의 협조를 구하고 싶을 때 3
: 실현 가능한 내용의 힘

일곱 살 된 아이에게 "이제부터 매주 월요일에는 네가 세탁기에 빨래를 해서 베란다에 널어줘. 그리고 마른 것들은 걷어서 다림질해주고. 할 수 있겠니?"라고 물어본다면, 이것이 적절한 부탁일까요? 대부분이 '어떻게 일곱 살 된 아이가 빨래를 하고 다림질을 해?'라고 생각할 겁니다. 당연합니다. 이것은 구체적인 표현과 긍정적인 단어로 이루어져 있지만 실현 가능성이 없는 내용이기 때문에 부탁이라고 보기 어렵습니다. 부탁을 잘하는 세 번째 기술은 실현 가능한 내용을 담는 것입니다.

일곱 살 된 아이에게 "엄마가 빨래 걷어서 접어놓으면 네 속옷은 갖고 가서 서랍에 넣을래?"라고 한다면, 이것은 아이가 충분히 할 수 있는 내용의 부탁이기 때문에 이루어질 가능성이 큽니다. 상대의 능력이 가능한 범위 내에서 부탁하는 것은 정말 중요한 기술입니다.

왜냐하면 사람에겐 자신의 능력이 되는 범위 안에서는 누군가를 돕고 싶어 하는 욕구가 있기 때문입니다. 사람은 누구나 다른 누군가를 돕고 싶은 욕구를 가지고 태어납니다. 그렇기 때문에 부모가 어떤 방식으로 부탁하는지에 따라 아이들이 그 일을 즐겁게 할 수도 있고, 의무감으로 마지못해 할 수도 있습니다. 이왕이면 아이들이 기쁘게, 그리고 기꺼이 할 수 있도록 표현하는 연습이 필요합니다.

물론 매순간 이렇게 말하긴 힘들겠지요. 그러나 늘 어떻게 표현할지 의식하다 보면 불가능한 일은 아닙니다. 아이들의 마음을 기억해주세요. 아이들은 부모의 욕구를 충족시켜주고 싶어 하고, 부모가 웃는 것을 좋아하고, 사랑받고 싶어 하는 존재입니다. 단지 아이들은 자신들의 욕구를 중요하게 생각하고 욕구가 강한 시기이기 때문에 때로 부모의 부탁을 들어주지 못하는 것이지요. 그리고 아이가 부모의 부탁을 들어주어야만 부모와 자식 간 관계가 건강한 것은 아닙니다. 그래야만 대화가 잘 이루어지거나 성공하는 것도 아니지요.

아이의 협조를 구하고 싶을 때 4
: 상대의 의견을 묻는 힘

마지막으로 가정에서 지시나 강요를 줄이고 부탁을 늘려나갈 필요가 있습니다. 강압과 억압이 담긴 강요나 지시에서는 어느 한쪽(주로 어린 자녀)이 굴복하거나 희생되기 때문이지요. 아이들은 의사결정에 참여할 권리와 자신의 의견을 말할 권리가 있고, 우리는 그것을 조율할 능력이 있습니다.

"오늘은 음식 재료가 좀 부족해서 외식했으면 좋겠는데 네 생각은 어때?"

만약 이 질문에 아이가 "나는 나가기 싫어서 집에서 먹고 싶어."라고 한다면 아이의 말에 귀를 기울일 필요가 있습니다. 아이는 음식 재료가 없어서 요리하기 어렵다는 엄마의 말에 동의하지 않는 것이 아니라 그저 편안하게 집에서 먹고 싶을 뿐입니다. 아이의 욕구에 귀를 기울이면 다른 제안을 할 수 있습니다. "그럼 오늘은 시켜 먹을까? 너는 뭘 먹고 싶은데?"라고 물어볼 수 있죠. 여기에서 만약 엄마가 "됐고. 무조건 옷 입고 따라와. 바로 집 앞에서 먹는 건데 뭐가 싫어."라고 말한다면, 아이는 따라 나서기는 하겠지만 불만이 가득한 마음이겠지요.

아이가 해달라는 대로 해주는 것이 반드시 좋은 교육은 아니지만, 어른들이 하고 싶은 대로 하는 것이 옳은 교육도 아닙니다. 우리에게 필요한 것은 서로의 욕구를 충족시킬 방법을 찾아가는 지혜와 능력입니다. 그렇기 때문에 아이에게 부탁할 때는 아이도 동의하는지 물어봐야 합니다. 이것이 아이의 협조를 이끌어내는 네 번째 기술입니다. 그리고 아이가 부탁을 거절할 때는 그 이유를 들어보는 과정이 필요합니다. 부모가 아이의 욕구에 귀 기울이고 방법을 찾아보려 고민하는 모습을 보여줄 때, 아이도 부모의 부탁에 귀 기울일 가능성이 높아진다는 것을 꼭 기억하면 좋겠습니다.

육아만큼 사람을 겸손하게 만드는 것도 없다고 생각합니다. 우리 마음과 달리 때로 더디게 성장하는 아이의 눈높이에 맞춰 하나하나 도와줘야 하니까요. 우리가 몸을 낮추고 눈을 낮추어야 아이와 마주할 수 있지요. 항상 이렇게 부탁하진 못하더라도, 문득 생각날 때만이라도 시도하다 보면 어느 순간 아이를 대하는 방법이 몸에 익을 거예요. 시간과 여유가 없더라도 후회 없는 육아를 위해 엄마들이 좀 더 노력하면 좋겠습니다.

공감톡

아이의 협조를 구하고 싶다면
긍정적인 단어를 사용해주세요.
"동생 물건 뺏지 마." ➡ "동생 것은 동생에게 돌려주자."

구체적인 표현 방법을 사용하세요.
"동생 괴롭히지 마." ➡ "원하는 게 있으면 도와달라고 크게 말해. 엄마가 올게."

실현 가능한 내용을 담아주세요.
"형답게 행동해." ➡ "너도 원하는 게 있으면 네 방에서 갖고 와."

아이의 의견을 물어봐주세요.
"됐고. 무조건 옷 입고 따라와." ➡ "나가기 싫으면 시켜 먹을까? 뭐가 먹고 싶니?"

13
부모 역할에 지쳤을 때
아이와 함께 문제 극복하기

"이제 네 마음대로 해, 엄마도 포기야."라는 말 대신

모든 선포에는 예언의 힘이 있습니다.

아이에게 세상을 향한 희망과 자신에 대한 포기 중 어떤 힘을 주고 싶나요?

리플러스인간연구소는 미혼모 보호기관과 업무 협약을 맺고 미혼모들을 대상으로 6주씩 대화 훈련을 진행하고 있습니다. 10대부터 30대까지 다양한 연령대의 미혼모들이 갖고 있는 고민도 다른 엄마들과 마찬가지였습니다. 한 부모 가정이든, 이혼 가정이든, 입양 가정이든, 친부모 가정이든, 조부모 가정이든, 아이를 키우다 보면 누구나 속상하고 미안하고 화나는 일들을 경험하게 되니까요. 그런데 미혼모 가정에는 아이들이 아빠를 모르거나 보지 못하기 때문에 다른 종류의 어려움과 아픔이 있었습니다. 아이들이 아빠를 찾을 때, 아빠를 보여줄 수 없는 아픔과 미안함을 가슴에 담고 살고 있었지요. 그래도 "저라도 꼭 곁에 있어야지요. 그는 떠났지만 저는 아이를 포기할 수 없었습니다."라는 말에서 엄마라는 위대한 존재의 힘을 느낄 수 있었습니다. 아이를 포기할 수 없었다는 말은 생명을 받아들이고 책임을 다하겠다는 의지를 드러내는 말이지요. 포기할 수 없는 존재, 그것이 바로 우리 아이들임을 그들을 통해 다시 배울 수 있었습니다.

포기하고 싶은 부모 역할

아이만은 절대 포기할 수 없다고 생각하지만 살다 보면 부모라는 역할이 감사하지 않고 포기하고 싶을 만큼 지칠 때가 있습니다.

사람마다 다르겠지만 저는 일보다 육아가 훨씬 더 힘들었습니다. 일은 아무리 많아도 끝이 있지만 육아는 끝이 없기 때문이었지요. 아이와 함께하는 순간순간을 즐기지 못하는 미안함이 올라오면 아이를 보면서 눈물이 뚝 떨어지고, 길에서 짐 없이 가벼운 발걸음을 내딛는 여성들을 보면 마치 여성으로서의 내 삶은 멀어져 버린 것만 같아 허탈하고 위축되기도 했습니다.

그럼 아이들이 엄마 뜻대로, 엄마 눈에 바르게 자라주면 아무런 문제가 없을까요? 자기 뜻대로 되지 않는 아이들에게 하루 24시간을 온전히 쏟아가며 에너지를 소진하는 엄마들은 지쳐갑니다. 그 끝에는 과연 뭐가 있을지 고민하게 되고, 결혼과 엄마의 삶을 선택한 데 대한 흔들림도 찾아오지요. 엄마 역할을 포기해버리고 싶을 때도 한두 번이 아닙니다. 자신을 잡아주는 무언가 없이 자기 삶을 온전히 지켜낸다는 것은 참 힘든 일입니다. 그래서 신앙의 도움을 받는 엄마들도 있습니다. 그러면 견디는 데 조금 도움이 되기도 합니다. 다른 방법은 뭐가 있을까요? 다시 미혼으로 돌아갈 수도 없고, 이혼을 한다 해도 과거와 같지는 않을 것이고, 환경을 바꿔본다고 해도 잠시 뿐일 테지요. 그렇다면 지금 이 순간, 이 상황에서 자신이 행복할 수 있는 방법이 무엇인지 아는 것이 중요합니다.

내 아이에게 세상에 하나뿐인 사람이 되는 기쁨

기업체로 교육을 가면 저는 농담처럼 이런 말을 합니다.

"회사일은 일일 뿐입니다. 평생을 투자할 가치가 있는 것은 자녀죠. 여러분의 자녀는 저평가 우량주입니다. 많은 부모가 자신의 자녀에 대해 저평가하고 있습니다. 그러나 확실한 것은 그들이 우량주라는 사실입니다. 그러니 확실한 저평가 우량주에 투자하세요. 여러분의 사랑과 시간을 투자하세요."

저희 아이는 여섯 살인데, 유치원 상담을 다녀온 아내가 크게 고민에 빠졌습니다. 처음에는 '아이가 크다 보면 그럴 수도 있지.' 하고 넘겼는데 저도 걱정되기 시작했어요. 유치원 선생님께서 저희 아이가 언어 장애가 있고, 발달이 더디고, 사회성이 부족하다며 언어 치료를 받아야 할 것 같다고 했습니다. 이대로 학교에 들어가면 친구들과 어울리기 힘들 거라고도 하더군요. 이 문제를 어떻게 하면 좋을까요? 왜 저희한테 이런 고통이 생겼는지 모르겠습니다.

이 이야기를 들으면서 '부모는 자식 앞에서 참 순식간에 나약해지고, 어느 문제보다 진지하게 고민하는구나.'라는 생각을 했습니다. 남의 어려움에 대해서는 쉽게 조언하고 얘기할 수 있지만 자기 아이 앞에서는 쉽지 않지요. 그래서 이런 얘기를 해줬습니다.

"관점을 바꿔보면 어떨까요. 유치원 선생님이 '발달이 더디다. 문제가 생길 수 있다.'라고 하셨는데, 이런 말들 때문에 우리가 불안한 건 아닐까요. 아이들은 저마다의 발달 속도를 갖고 있습니다. 아이가 모자라고 문제가 있어 치료가 필요한 것이 아니라, 아이가 주변 사람들과 더 잘 어울리면서 행복하게 지낼 수 있도록 부모가 도와주어야 하는 것이죠. 아이가 기침을 심하게 하면 따뜻한 물도 먹이고 충분히 재워야 하는 것처럼, 아이가 친구들과 이야기도 잘 나누고 좋은 관계 맺을 수 있도록 그 부분을 좀 더 도와줘야겠다고 생각하는 거지요."

이 사례는 2가지 관점으로 볼 수 있습니다. 상대방의 말에 상처받고 문제로 보았느냐, 아니면 부모의 도움이 필요한 상황으로 보았느냐입니다. '어떻게 해야 서로에게 도움이 될까?'라는 관점으로 생각하면, 상대를 비난하고 평가하는 태도에서 벗어나 해결 방법에 집중해서 힘을 모을 수 있습니다. 아이들이 크는 것을 보면 발달 기간이 정해진 것은 아니기 때문에 꼭 '최적의 시기'가 아니더라도 배울 수 있습니다. 우리 아이가 다른 아이들보다 발달이 조금 느린 것 같다면 도와줄 필요는 있지만, 부모가 불안해하거나 걱정한다고 해서 해결되는 것은 아니라는 거지요. 주변에서 어떤 말을 하더라도 부모가 주관을 갖고 키울 때 그 아이가 온전히 밝게 자랄 수 있습니다.

위 사례의 아빠는 "제가 잘 지원하고 도움을 주어 아이가 행복해질 수만 있다면 기꺼이 선택하겠습니다. 감사합니다."라고 했습니다. 포기하고 싶고 도망가고 싶고 버리고 싶은 마음은 부담에서 비롯합니다. 그럴 때는 다른 관점으로 볼 필요가 있습니다. 같은 사물도 빛이 들어오는 방향에 따라 다르게 보이듯 자녀도 부모가 어떤 관점에서 이해하느냐에 따라 다르게 다가옵니다.

이 아빠는 아이에게 문제가 있다고 봤을 때는 몹시 걱정되고 두렵고 피하고 싶었지만, 아이에게 도움이 필요하다고 이해하면서는 돕고 싶은 마음을 가진 아버지로 돌아와 적극적으로 움직이기 시작했습니다. 보지 않아도 확신합니다, 이제 그 아이는 행복한 삶을 살아갈 것을. 아이들에게는 부모가 세상입니다. 부모가 없다면 누군가 한 명이라도 그런 보호자가 되어주어야 합니다. 부모는 아이들에게 그런 한 명이 될 수 있는 자격과 선물을 받은 사람입니다. 세상을 살아가면서 우리가 한 생명이 건강하게 살아갈 수 있는 통로가 되고 토양이 된다면 그보다 벅찬 일이 있을까요?

문제가 아닌
도움이 필요한 아이

"그 집 애 문제야."

사람들은 판단하는 걸 좋아합니다. 무엇이 옳고 그른지 따지는 것도 좋아하지요. 아이들에게도 저 사람은 옳고 저 사람은 그르다는 판단 기준을 적용해 쉽게 단정 짓습니다. 하지만 문제라고 단정한 그 아이는 문제아가 아니라 고통에 처해 있어 도움이 필요하다는 신호를 보내는 것일 수 있습니다. 그러니 아이들을 사랑하는 마음으로 봐주면 좋겠습니다. 사랑하는 눈으로 보면 문제를 대할 때 우리의 마음이 도와주겠다는 쪽으로 변하게 될 테니까요.

어른도 "문제가 있다."는 말을 들으면 오래도록 마음에 상처가 남습니다. 상당히 위축되는 것은 물론 자신이 그 평가를 인정하게 되면 더 괴롭고 자신감이 떨어지지요. 인간은 누구나 비난에 취약하지만 특히 "너는 문제가 있어, 너는 잘못되었다."라는 말은 오래오래 상처로 남습니다. 그러니 아이들에게는 절대 하지 마세요. 아이들의 마음에 그런 상처와 고통을 주지 마세요. 좋은 선물도 많고 많은데 굳이 평생 상처가 될지 모르는 고약하고 비극적인 말을 선물할 필요가 있을까요.

대화 훈련을 할 때 부모들에게 "아이들의 어떤 행동이나 말을 문제라고 생각하십니까?"라고 물으면, "우리 아이는 혼자 밥을 잘 안 먹어요.", "우리 아이는 동생을 때려요." 이런 대답들이 나옵니다. 문제라는 단어는 쉽게 붙이면서 막상 문제라고 보게 된 아이의 행동이나 말이 뭐냐고 물으면 이 정도에 그치는 경우가 많습니다. 그런 행동을 했다고 해서 정말 아이들에게 '문제아'라는 꼬리표를 붙여야 할까요? 판단하기는 쉽지만 막상 왜 그렇게 생각했는지 따져보면 허무한 경우가 많습니다.

아이들이 커갈수록 엄마들이 문제라고 꼬집는 것들에 대해 아이들이 동의하지 않을 때가 많을 겁니다. "TV 끄고 공부 좀 하라."고 얘기하면 "엄마도 만날 TV 보잖아요."라고 반응하고, "책 좀 봐라." 하면 "엄마가 책 읽는 걸 난 한 번도 본 적이 없어요."라고 하지요.

그럼 우리는 말합니다.

"알았어. 앞으로는 네가 다 알아서 해. 엄마도 포기야."

막상 포기하라고 하면 그러지도 못하면서 괜한 말로 아이에게 상처를 남기는 우리의 진짜 마음은 간절한 '부탁'이었겠지요. "엄마 마음을 이해하고 네가 협조해주면 좋겠다."라는 말이었을 겁니다. 어떤 상황에서도 자신이 진심으로 원하는 욕구를 표현하는 것, 이것이 대화의 핵심입니다.

공감톡

문제가 있다는 생각이 든 아이의 행동과 말을 관찰해보세요.

"넌 왜 그러니? 정말 문제야." ➜ "어제도 오늘도 양말이랑 옷이 책상 위에 있어."

엄마가 원하는 진심을 담아 부탁해보세요.

"지저분하게 이렇게 두면 어떡해. 너 혼자 사는 곳이니!" ➜ "우리 가족이 함께 사는 공간에서는 협조가 필요하거든. 지금 세탁기에 넣어줄래?"

14
자신에게 붙은 낙인으로 힘들어하는
아이의 생각 전환해주기

"선생님이 나더러 문제아래."라는 말을 아이가 할 때

'그 사람은 천사야.'

'그 사람은 이기적이지.'

'우리 남편은 완벽주의자야.'

우리는 상대를 빨리 평가해야 안심합니다. 그가 어떤 사람인지 파악해야 예측 가능해지기 때문입니다. 자신에게 도움이 되는 사람인지 아닌지도 알 수 있지요. 그런데 우리는 자신에게도 이런 낙인을 찍거나 평가하고 규정짓습니다.

'나는 형편없는 인간이야.'

'나는 완벽해.'

'나는 매력적인 사람이야.'

인간은 결코 한 가지 모습으로 규정지을 수 없는 복잡한 구조인데 아이들에 대해서도 한마디로 평가합니다.

'우리 애는 착해.'

'우리 애는 자기만 알아. 이기적이야.'

'우리 애는 겁쟁이야.'

'우리 첫째는 책임감이 강해.'

'우리 둘째는 야무진 아이야.'

낙인의
비극

저는 초등학교 1학년 때부터 산만하다는 말을 많이 들었습니다. 어머니는 "선생님들이 너라면 혀를 내둘렀다."라고 하셨지요. 4학년 때 선생님이 종이에 "나는 문제아입니다, 나를 벌하여주세요."라고 써서 등에 붙이고 각 반을 돌아다니라고 한 적이 있습니다. 그것이 너무 싫어서 그냥 도망쳤어요. 오후 내내 학교 밖에서 돌아다니다가 집에 갔고, 예상대로 엄마한테 혼이 났습니다. 게다가 학교에서 엄마를 불러 저는 일반 학교에서는 감당이 안 되고 특수 교육이 필요하다며 전학을 갔으면 한다고 하셨습니다.

대부분의 학교 선생님들은 아이들을 사랑하고, 아이들 입장에 맞게 지도해주고 싶어 합니다. 하지만 한 명의 선생님이 다양한 아이들, 때로는 정말 이해하기 힘든 행동을 하는 아이, 튀는 행동을 하는 아이를 모두 수용하기에는 버거운 것이 현실이지요. 무리의 아이들 속에서 '내 말을 듣지 않는 한 아이'를 정말 끊임없는 사랑과 기다림으로 봐준다는 건 쉽지 않은 일입니다. 그렇다 하더라도 위 사례의 선생님 행동에는 동의할 수 없습니다. 얼마나 많은 아이가 선생님이나 부모로부터 낙인의 말을 들으며 자존감이 훼손되는지를 생각한다면 이는 분노할 일에 가깝습니다.

위 사례자는 어려서부터 자기는 굉장히 문제가 있는 아이라고 생각했고, 그 생각을 버리기까지 무척 힘들었다고 합니다. 아이들이 누군가로부터 들은 낙인의 표현을 받아들이면 자존감을 회복하기가 쉽지 않습니다. 부모가 아무리 "아니야. 네가 얼마나 괜찮은 아이인데 그렇게 생각하니. 그런 말 믿지 마."라고 해도 많은 아이가 타인에게 들은 말을 믿어버립니다. 또래 집단에서의 평가가 중요한 나이에는 친구의 말 한마디에 휘청거리기도 하지요.

부모 입장에서는 우리 아이가 비교 평가 때문에 자신을 부정적인 이미지로 내재화하는 일들이 없었으면 좋겠지만, 가슴 아프게도 많은 아이가 지금도 자신에 대한 주변의 부정적인 낙인을 사실로 받아들이면서 자라고 있습니다.

관점의 전환

만약 우리 아이가 유치원이나 초등학교 저학년 때 "엄마, 나는 문제아래, 엄마, 난 나쁜 애야."라고 말한다면 우리는 어떤 반응을 보이게 될까요? 불안하고 걱정된 나머지 "아니야."라고 부정부터 할 겁니다. "누가 그런 말도 안 되는 소리를 해?", "네가 왜 문제야? 넌 문제아 아니야."라는 식으로 부정부터 하는데, 가슴 아프게도 아이들 스스로 그렇게 내재화하기 시작했을 때는 부모의 강한 부정이 오히려 강한 긍정처럼 들리기도 합니다.

이때 부모가 조급해하면 안 됩니다. 부모에게 필요한 것은 아이에게 찍힌 낙인을 부정하는 것이 아니라, 아이가 다른 관점에서 생각하도록 '전환, 환기'해주는 것입니다. 아이가 "엄마, 나는 나쁜 아이야."라고 말했다면, 단 한 번의 사건으로 자기 자신을 내재화하지는 않았을 거예요. 은연중에 교사나 부모의 한심해하는 눈초리를 여러 번 받았을 수 있고, 한숨이나 "내가 너 때문에 못 살겠다."라는 말을 들었을 수 있으며, 어쩌면 선생님이나 친구들 등 아이를 둘러싼 많은 사람의 평가를 통해 자기 자신에 대해 사실처럼 왜곡된 생각을 하게 된 것일 수 있습니다. 그렇게 형성된 낙인의 사실화가 "넌 그런 사람이 아니야."라고 말해준다고 '내가 오해했구나. 난 그런 사람이 아니구나.'라고 받아들일 수 있을까요?

낙인 효과는 선포와 같아서 그대로 움직이게 하는 힘이 있습니다. 그래서 착하다는 말을 들은 아이들은 착하게 굴려 하고, 이기적이라는 말을 들은 아이들은 이기적인 자기 모습을 받아들이고 그대로 살려고 합니다.

자신에게 붙은 낙인대로 살지 않으려면 역설적이게도 그 낙인을 부정해서는 안 됩니다. 오히려 '아, 그 사람에게는 내가 그런 모습으로 보였구나. 나의 다른 모습을 보여주지 못해 아쉽네.'라고 생각하고 넘어가는 게 건강한 방식입니다.

어떻게 하면 아이들이 낙인으로부터 자유로울 수 있을까요? "아니야. 너는 그런 사람이 아니야."라는 말을 참고 대화를 시작해야 합니다. 먼저 "그런 생각이 들었어?"라고 물어봐주는 거예요. 그럼 아이가 "응. 아니, 생각이 아니라 진짜야."라고 할 수도 있습니다. 그러면 "어떨 때 그런 생각을 했어?"라고 또 물어보는 거예요.

아이에게는 그 생각을 가지게 한 사건이나 경험이 있을 겁니다. 한 번이 아니라 여러 번일 수도 있습니다. 어떤 아이는 구체적으로 얘기하고, "항상 그래."라고 말하는 아이도 있을 거예요. 그래도 "어떨 때 그런 생각이 들었는지 하나만 얘기해볼래?"라고 하면 아이는 얘기를 할 겁니다. 그럼 그냥 침묵하면서 조용히 들은 다음 "그런 생각이 들 수도 있겠구나."라고 인정해주는 거예요. "그래. 그럴 때는 엄마라도 그럴 수 있겠다."라고 해주세요. "그런데 엄마 생각에는 다른 점도 있는 것 같아."라고 얘기하고 구체적인 관찰로 그다음을 얘기해주는 것이 중요합니다. 예를 들어 "지난번에 빵 사가지고 나올 때 네 살짜리 아이가 넘어지자 네가 그 아이를 일으켜줬잖아. 그런 모습을 보면 엄마는 그런 생각이 안 들어."라고 말해주는 거예요.

이렇게 대화를 하다 보면 나이가 어릴수록 내재화된 것으로부터 벗어나 '맞다. 내가 친구를 도와준 적이 있지. 나는 나쁜 아이가 아니야. 그때 기분이 나빠서 그랬어. 다음에는 기분이 나빠도 내가 다르게 행동하면 되겠구나.'라고 배울 수 있습니다.

공감툭

아이가 "난 문제아야, 엄마."라는 말을 할 때
어떻게 생각의 전환을 이룰 수 있을까요?

아이 스스로 낙인을 찍을 때는 끝까지 들어보세요.
"무슨 소리야. 누가 그딴 소리를 해?" ➜ "무슨 일이 있었는지 네가 들은 말을 얘기
해줄래?"

아니라고 하지 말고 왜 그런 생각을 했는지 물어봐주세요.
"그렇게 생각하지 마. 너 문제아가 아니야." ➜ "언제 그런 생각이 들었니?"

아이의 생각을 이해해주고, 다른 관점으로 안내해주세요.
"그럼, 그렇게 바보같이 생각하고 살아."
➜ "남들은 그렇게 생각할 수도 있어."
"사람들은 누구나 한 가지만 보고 그렇게 쉽게 판단하기도 해."
"엄마 생각은 달라. 한번 들어볼래?"

15
거절을 건강하게 받아들이고
해석할 수 있도록 도와주기

"엄마, 친구가 나를 싫어해."라는 말을 아이가 할 때

거절은 상대를 무시하거나 싫어한다는 표현이 아닙니다.

그 사람에게 지금 중요한 다른 일이 있다는 신호입니다.

아이들이 거절의 의미를 잘 해석한다면 건강한 마음으로 성장할
수 있습니다.

아이를 데리고 놀이터에 갔어요. 놀이터에 애들이 항상 많은 건 아니
지만 작은 아파트 단지라 꼭 몇몇은 놀고 있더라고요. 그런데 우리 아
이가 "애들아, 놀자."라면서 다가가자 몇 아이가 저희 아이를 몸으로
치면서 "넌 가, 너 몇 살이야. 우리끼리 놀 거야, 넌 가." 이러는 거예요.
그때 우리 아이가 쭈뼛쭈뼛 서서 땅을 발로 긁고 있는데 억장이 무너
지는 기분이 들었습니다. 그래서 저에게 온 아이에게 "형들이 지금 너

랑 놀기 싫은가 봐. 자기들끼리 할 일이 있어서 그러니까 엄마랑 놀자."라고 얘기했어요. 제가 잘한 게 맞는지 모르겠네요. 순간 너무 속이 상해서 그 아이들이 얄밉고 괘씸하기까지 하더라고요.

어른들도 상대에게 거절당하면 불편한 마음이 오래 지속됩니다. 자신의 존재가 거부당한 것 같은 느낌이 들기 때문입니다. 아이들의 경우 거절이 자칫 좌절로 이어져 부모 마음까지 괴로워집니다. 그런 의미에서 보면 부모는 참 나약하고 연약한 존재지요. 그럼에도 불구하고 우리 아이가 거절당했을 때 부모가 어떻게 도와주어야 하는지 생각해봐야 합니다.

현실을 바르게 해석해야 한다

중요한 것은, 아이가 거절당했을 때 우리가 어디에 집중하느냐입니다. 친구들의 거절로 좌절하는 아이에게 집중하는 것이 현명한지, 아니면 우리의 욕구에 집중하는 것이 현명한지를 아는 것이죠. 우리가 그것을 알아야 아이를 도와줄 수 있습니다. 아이가 거절당했다는 괘씸함은 내려놓고, 아이가 재미있게 놀 수 있는 다른 방법을 고민해야 합니다.

위 사례의 경우는 어떨까요? "엄마랑 다른 거 하고 놀까?"라는 대처는 참 좋았습니다. 그러나 "형들이 너랑 놀기 싫은가 봐."라는 말은 많이 아쉽습니다. 그것은 엄마의 생각일 뿐 확인된 사실은 아니지요. 그보다는 "지금 자기들끼리 무엇을 하고 있는데 그것을 계속하고 싶은가 보다. 가서 한번 물어볼까? 그래서 싫다는 거면 그때는 엄마랑 다른 놀이 하고 놀자."라고 했다면 어땠을까요?

거절은 지금 자기가 하고 있는 일이나 자기가 원하는 일에 집중하겠다는 것뿐입니다. 내 아이를 싫어하는 것도, 아이가 왕따를 당하는 것도, 소외되는 것도 아닙니다. 모두가 그저 엄마의 생각일 뿐입니다. 그러니 지금 그 아이들이 하고 있는 일을 존중해주면서 우리 아이가 할 수 있는 다른 방법을 함께 찾아보는 거예요. 그게 진짜 도와주는 겁니다.

"저 아이들이 너랑 놀기 싫다는데 왜 그러니?"

"됐어. 저런 아이들이랑 놀지 마. 너도 이제 너 편한 애들이랑만 놀아."

이런 말은 더더욱 도움이 안 됩니다. 나중에도 그 아이들과 함께 놀기가 힘들어지기 때문입니다.

아이가 거절당한 것을 자신의 일로 생각하면 안 됩니다. 아이가 거절당하면 '저 친구들은 자기들끼리 하고 싶은 것이 있나 보다.'라고 해석해야 합니다. "너랑 놀고 싶지 않은가 봐."가 아니라 "지금 자기들끼리 해야 하는 중요한 일이 있나 봐. 우리가 이해해주자."라고 하는 거죠. 또 그게 사실인 경우가 많습니다. 엄마가 상황을 바르게 해석해야 아이도 건강하게 대처할 수 있습니다.

건강한
정서 조절

조직을 이끌어갈 때 힘든 점 중 하나가 침묵 현상, 침묵 행동입니다. 사람들이 말을 잘 안 한다는 건 기업 입장에서는 난감한 일이지요. 말을 해야 아이디어가 나오고 그래야 문제를 해결할 수 있기 때문입니다.

어떤 사람이 침묵하고 비협조적이며 때로는 위축되어 있고 우울감을 느끼는 데는 2가지 이유가 있습니다. 첫 번째는 자기 정서를 인식하지 못해서입니다. 자신이 지금 슬픈 건지, 괴로운 건지, 짜증이 나는 건지를 모르는 경우지요. 두 번째는 이런 정서에 대한 인식이 명확한지 여부에 따라 자기의 정서를 조절할 수 있는 능력이 결정되는데, '내가 지금 짜증이 나지만 이 상황에서는 잠시 참는 게 좋겠다.'라고 자신의 감정을 조절하지 못해서입니다.

아이들도 마찬가지입니다. 거절당했을 때 자기 정서를 조절할 수 있는 아이들은 적응이 가능하지만, 그렇지 못한 아이들은 적응하지 못합니다. 문제는 후자의 경우 '나는 끝났어. 아무도 내 곁에 없을 거야. 나 버림받았어. 나는 왕따를 당했어.'라는 식으로 극단적 해석을 한다는 거예요. 그러나 이와 반대로 정서 인식이 가능한 아이들은 '다른 애랑 놀지 뭐. 다른 애랑 놀아도 돼. 물론 속상하지만 다 내 뜻이랑 같을 수는 없어. 그리고 내일은 저 아이들이 나한테 올 수도 있어. 나는 다른 애랑 놀 수도 있어.'라고 생각합니다.

이 2가지 능력의 차이는 실로 엄청납니다. '나보다 더한 불행은 없다.'라고 생각하며 사는 사람의 일생과 '내일은 더 나아질 수 있고, 나보다 더 큰일을 당하는 사람도 있어.'라고 생각하며 살아가는 사람의 일생은 같을 수가 없습니다.

아이가 누군가한테 거부당하는 모습을 봤을 때 자신이 거부당한 것 같은 기분으로 대처해서는 안 됩니다. 어린 시절에 친구들과의 관계에서 힘든 경험을 한 엄마라면 더더욱 아이의 상황이 가슴 아플 것입니다. 하지만 꼭 기억해야 하는 것은 아이가 이런 힘든 일들을 겪으며 살아가야 한다는 사실입니다. 아이에게 자기의 정서를 조절할 수 있는 방법, 상황을 바르게 해석하는 방법을 가르쳐주어야 하는 이유입니다. 그러기 위해서는 엄마가 먼저 해석을 잘해야 합니다. "너랑 놀기 싫대."와 "저 아이들은 지금 자기네들끼리 하고 싶은 일이 있대."는 의미가 전혀 다른 말입니다. 마찬가지로 아이가 "쟤랑 놀면 때려서 싫어요."라고 말한다면, 안전하게 놀고 싶다는 얘기라고 들어줄 수 있어야 합니다. 그래야 상대 아이에게 "네가 때리니까 놀기 싫대."가 아니라 "친구가 안전하게 놀고 싶대. 어떻게 하면 그럴 수 있을까?"라고 물어보며 도와줄 수 있습니다.

아이가 거절당하는 모습을 봤다면 엄마 혼자 잠깐 생각할 시간이 필요합니다. 그리고 이런 일이 반복된다면 아이가 친구들과 잘 놀 수 있도록 도움을 주어야 하죠.

부모가 영원히 아이의 친구가 될 수는 없습니다. 이럴 때는 넓고 넓은 운동장에 아이를 던져놓고 "자, 네가 가서 말해봐."라고 하는 것이 아니라 아이 친구 한 명을 집으로 초대해보세요. 아이가 한 친구와라도 잘 지낼 수 있게 도와주는 거예요. 이런 식으로 조금씩 도와주다 보면 아이도 받아들일 건 받아들이고, 자기 마음을 이해해주는 누군가와는 좋은 관계를 맺을 수 있다는 걸 배워갈 수 있습니다.

거절에 대한 의미를 잘 해석해주세요.
"엄마, 친구들이 나 싫대."
➡ "싫어서가 아니라 다른 중요한 걸 하고 싶다는 뜻이야."
　 "친구들이 지금 하던 놀이에 집중하고 싶은가 보다."
　 "같이 놀려면 시간이 좀 필요할 수도 있겠다."

욕구를 표현할 다른 방법을 제안해주세요.
"너도 쟤들이랑 놀지 마.", "네가 가서 적극적으로 말해야지."
➡ "하던 일 마친 뒤 같이 놀고 싶으면 이야기해달라고 말해볼까?"
　 "친구들이 지금은 다른 게 중요한 것 같으니까, 다른 거 하면서 기다려볼까?"

16
다른 집 아이
현명하게 가르치기

"나쁜 말하는 저 친구랑 놀면 안 되겠다."라는 말 대신

아이들이 초등학교에 입학하면 엄마들은 2가지가 가장 신경 쓰입니다. '선생님은 어떤 분일까?', '친구들은 어떤 아이들일까?' 내 아이가 선생님께 사랑받고, 친구들과 사이좋게 지내기를 바라는 마음이야 모든 엄마가 마찬가지니까요. 아이들이 신학기가 되어 친구를 사귀고, 친구를 집에 데려오면 엄마들은 아이들을 살피느라 여념이 없습니다. 아이들이 어떻게 노는지, 다투지는 않는지 살피고 아이 친구들을 잘 대하고 돌려보내야 한다는 생각도 하면서 말이지요.

제 아들은 방과 후 친구들을 집에 데려오는 걸 좋아했습니다. 적게는 한두 명, 많게는 대여섯 명을 거의 매일 데려왔죠. 저도 아이가 저학년일 때는 아이가 하교할 때 집에 있는 날이 많았습니다. 하루도 거르지 않고 친구들을 데려와 피곤하긴 했지만, 아들이 친구들과 노는 모습을 관찰하다 보면 아이들의 성향이 모두 다르다는 것을 깨닫는 재미도 있었습니다.

아이가 친구와 함께 놀 때는 엄마가 중립적으로 아이들에게 옳은 것을 가르치기가 쉽지 않습니다. 아이 친구 부모님의 눈치도 보게 되고요. 내 아이를 단속하고 말지, 남의 집 아이에게 부탁하고 가르치는 건 어려운 일입니다.

저도 아들 친구 한두 명이 욕을 하거나 침을 뱉는 모습을 보여도 단호하게 대처하지 못하고 그 침을 닦아주면서 "그러면 안 되지." 정도로 타이르곤 했습니다. 남의 집 아이다 보니 정색하고 화를 내거나 개입하기가 쉽지 않더군요. 그러다 보니 '이 아이가 우리 집에 오지 않았으면 좋겠다.'라는 생각도 들었습니다. 그러나 과연 그것이 가장 바람직한 엄마의 태도였을까요?

아이들은 크면서 실수도 하고 옳지 않은 행동도 하는데 그럴 때 잘 가르쳐야 한다는 것을 우리는 모두 알고 있습니다. 그래서 아이의 친구가 남의 집인데 여기저기 막 열어보고 어른들 물건을 만지거나 친구들을 때리거나 듣기 불편한 말을 할 때 어떻게 해야 하는지 고민에 빠지게 됩니다. '남의 집 아이인데 내가 신경 쓸 필요가 있을까?', '그냥 다음엔 놀지 말라고 하자.'라는 마음으로 그날은 일단 잘해주고 다음부터 놀지 말라고 할지, 우리 집 아이처럼 가르칠지 딜레마에 빠지게 됩니다.

우리 집에 온 아이가 좋지 않은 행동이나 용납하기 힘든 행동을 할 땐 어떻게 해야 할까요? 그렇다고 아이 엄마에게 말하면 그 내용이 듣기 불편한 방식으로 전달되기 때문에 서로 껄끄러워지는 경우가 많습니다. 그럴 때는 아이의 부모가 아닌 그 아이에게 직접 말하기를 권합니다.

아이를 보호하기 위해 말하는 용기

내 아이를 가르치기도 힘든데 남의 집 아이에게 가르침을 준다는 건 쉽지 않습니다. 남의 집 아이를 야단치고 벌을 줄 수도 없고, 어떻게 말해야 할지도 모르지요. 그래서 그날은 참은 뒤 우리 아이에게 "너, 저 애랑 놀지 마."라고 하게 되는지도 모릅니다. 하지만 집에 온 모든 아이를 그런 식으로 대한다는 것 또한 마음 편한 대처는 아닙니다. 물론 아이들 엄마와 관계가 좋다면 사실대로 말하고 협조를 구할 수도 있습니다. 하지만 현대 사회에서 그 정도로 유대 관계를 맺고 있는 아이의 친구들은 흔치 않을 것입니다.

사실 아이들은 자신의 행동이 옳지 않다는 것을 알면서도 통제하지 못해 그렇게 행동하는 경우가 있습니다. 그럴 때 현명하게 야단치는 2가지 방법이 있습니다. 첫 번째 단계는 무턱대고 야단치는 것이 아니라 그 아이를 불러 세워 관찰한 바를 말해주는 겁니다. 자신의 생각이 아니라 본 대로, 사실대로 말해주는 거죠.

"네가 지금 우리 집 물건을 허락받지 않고 네 가방에 넣는 걸 아줌마가 봤어. 맞니?", "네가 저 막대기를 누워 있는 동생에게 몇 번 던지는 흉내를 내는 걸 아줌마가 봤어. 맞니?"

이렇게 본 대로 말하면, 아이가 집에 가서 "그 아줌마가 날 괴롭혔어. 그 아줌마가 날 혼냈어."라고 말하지는 않을 것입니다. 그 이유는 친구 엄마의 말이 자신을 비난하거나 평가하는 게 아니었기 때문입니다. 만약 그 아이가 집에 가서 엄마에게 이야기한다고 해도 괜찮습니다. 그럴 때 상대 엄마가 "그 아줌마가 어떻게 했는데? 뭐라고 했어?"라고 물어도 아이는 자신이 들은 대로만 말할 수 있을 테니까요.

그런데 만약 이렇게 말한다면 어떨까요?

"너 그렇게 폭력적으로 행동하면 안 되지. 이러면 친구들이랑 같이 못 놀아. 나쁜 사람이 되는 거야."

이렇게 말하면 아이가 굉장히 가슴 아프고 자신의 행동을 고치기도 어려울 겁니다. 또한 아이가 집에 돌아가서 엄마에게 전달한다면, 그 말은 오로지 비난으로만 들릴 것이기 때문에 아이 부모에게도 상처가 됩니다. 그래서 자신이 뭘 봤는지를 그 아이에게 구체적으로 얘기해줘야 합니다. 그래야만 아이의 입에서 "네."라는 대답이 나오고, 아이의 동의를 구해야 그다음 단계로 넘어갈 수 있습니다.

사랑을 기반으로 한 가르침

현명하게 야단치는 두 번째 단계는 엄마의 요구를 아이에게 알려주는 겁니다.

"아줌마가 이렇게 말하는 건 네가 우리 ○○랑 잘 지낼 수 있게 도와주고 싶어서 그러는 거야. 그리고 다음에도 우리 집에 와서 잘 놀기를 바라기 때문에 이런 말을 하는 거야."라고 말입니다. "너 이렇게 하면 우리 ○○랑 못 놀아. 너 이러면 친구들이 다 싫어한다. 너희 엄마가 아시면 얼마나 실망하시겠어."가 아닙니다. 어쩌면 이런 이야기는 그 아이가 너무 많이 들었을지도 모릅니다. 그 아이를 처벌하는 게 목적이 아니라 우리 아이와 잘 지낼 수 있기를 바란다는 걸 아이에게 이해시키는 겁니다. 그러고 나서 원하는 걸 얘기하는 겁니다. 원치 않는 것, 처벌이나 벌을 주기 위한 것이 아니라 그 아이를 도와줄 수 있는 부탁과 가르침을 주는 겁니다.

"네가 지금 가방에 넣은 거 제자리에 갖다 놔. 그러면 아줌마가 고맙게 생각할 거야.", "저쪽에 휴지가 있어. 네가 지금 뱉은 침을 휴지를 갖고 와서 닦고 다음에는 그러지 않겠다고 아줌마에게 약속해줘.", "네가 막대기를 저 아이에게 휘두르면 아이가 많이 다칠 수 있어. 그러니 다음에는 막대기를 치우고 놀거나 사람이 없는 안전한 곳에서 놀았으면 좋겠어. 그러겠다고 약속해주겠니?"라고 말해주세요. 어른인 우리가 해야 할 일은 비교, 경쟁, 협박이 아니라 진정한 가르침을 주는 것입니다.

아이들이
살아갈 세상

만약 그 아이의 엄마가 이런 상황을 알았다면 어떨까요? 우리가 아이를 돕고 보호하기 위해 힘을 쓴 게 아니라, 아이를 벌주기 위한 말을 하고 그 방식이 비난의 언어였다면 기분이 나쁠 겁니다. 그러나 아이의 행동을 진심으로 교정해주었다는 걸 알면 오히려 고마워할 수 있습니다. 아이들의 특정한 행동을 그냥 넘기면 때로 성장에 좋지 않은 영향을 미칠 수 있습니다. 그럴 때는 엄마의 마음으로 도와줘야 합니다. 물론 내 아이도 완벽하지 않습니다. 하지만 내 아이가 다른 곳에 가서 바르지 못한 행동을 하면 친구의 엄마가 나와 같은 방식으로 도와줄 거라는 믿음이 있어야 하지 않을까요?

아이들은 혼자 살아가지 못합니다. 아이들은 공동체 세상에서 살아갑니다. 공동 육아가 특별한 게 아닙니다. 아이들이 같이 노는 모습을 관찰하다 보면 아이들의 잘 보이지 않던 면이 보이기도 하는데, '저건 위험한 행동이다.'라고 판단되는 행동을 할 때 그 자리에서 바로 사랑을 기반으로 한 가르침을 주는 것, 이것이 공동 육아입니다. 이 사회는 육아 공동체라고 할 수 있습니다. '내 아이, 네 아이' 할 것 없이 다 소중한 아이들입니다. 아이의 친구를 엄마가 나서서 정해주지 말고, 아이의 친구를 편견 없이 바라봐주세요. 그래야 내 아이가 다양한 친구를 사귈 기회를 얻게 됩니다. 아이를 대하는 어른의 자세에 따라 아이는 바뀔 수 있습니다. 완벽해야 도와줄 수 있는 건 아닙니다. 그리고 우리에겐 아이들을 도와줄 의무와 책임이 있습니다.

중학교에 다니던 아들과 함께 침대에 누워 초등학교 졸업 앨범을 보며 한참을 이야기한 적이 있습니다.

"엄마, 옛날에 내가 친구들 데려왔을 때 엄마가 내 친구들 목욕시키고 저녁 먹이고 보내줘서 정말 고마웠어요. 엄마 진짜 힘들었겠다."

저는 아들이 그런 기억을 갖고 있는지 몰랐습니다. "그게 기억나니?"라고 묻자 아들은 "그럼요. 전부요."라면서 "제가 어릴 때 말썽도 많이 부리고 혼도 많이 났는데, 엄마가 친구들한테 잘해주셔서 친구들이 저랑 잘 놀아줬던 것 같아요."라고 말했지요. 아이들은 다 보고 있었던 겁니다. 제 아이가 초등학교 다닐 때는 장난이 심해 다툼도 많고 갈등도 많아 늘 긴장의 끈을 놓지 못했는데, 아들의 이야기를 들으니 내 아이를 대하듯 아이의 친구들을 사랑하려 한 노력이 결실을 맺은 듯해 뿌듯했습니다. 엄마 여러분, 마음을 열고 아이 친구도 내 아이처럼 대하고, 가르치는 걸 두려워하지 마세요. 진심은 통한답니다.

공감톡

아이가 친구를 데려오면 유심히 관찰해보세요.

좋은 행동을 한다면 충분히 칭찬해주세요.
"연수야, 참 착하다." ➡ "연수야, 아줌마가 만들어준 간식을 친구들에게 골고루 나눠줘서 고마워. 아줌마가 네 덕분에 편했어."

불편한 행동을 한다면 관찰한 대로 말해주세요.
"이렇게 행동하면 친구들이랑 못 놀지." ➡ "네가 방금 음식을 친구 몸에 던지는 걸 아줌마가 봤어."

아이에게 원하는 것을 부탁하며 잘못을 가르쳐주세요.
"그러지 마. 잘못했다고 해." ➡ "지금 친구 옷에 묻은 걸 닦아주고 미안하다고 해줄래? 아줌마 생각에는 너도 마음이 편치 않을 것 같아. 아줌마가 도와줄 수 있어. 해볼래?"

행동해준 아이에게 고마움을 표현해주세요.
"잘했어. 다신 그러지 마." ➡ "고맙다. 그리고 네가 행동을 고쳐주어서 아줌마도 기뻐. 다음에는 그러지 않을 거지?"

17
보상 대신 내적 동기를
찾을 수 있게 도와주기

"밥 먹으면 텔레비전 틀어줄게."라는 말 대신

아이를 움직이게 하는 데 필요한 것은 보상이나 강요가 아니라
아이에 대한 신뢰와 기다림입니다.

저는 어릴 때부터 무척 잘 먹었습니다. 여덟 살쯤엔 삶은 달걀을
10개도 먹었습니다. 그런데 오빠는 밥을 너무 안 먹어 엄마가 오빠
밥 먹이느라 진이 다 빠졌다는 이야기를 가끔 합니다. 물론 지금 밥
잘 먹는 방법을 말하려는 것은 아닙니다. 아이가 행동하게 하려고
자주 하는 보상에 대한 이야기입니다.

교환과
공유의 조화

건강하게 살기 위해서는 서로 필요한 것을 교환하고, 서로의 마음을 공감하며 중요하게 여기는 것을 공유할 수 있어야 합니다. 그래서 우리는 때로 아이들에게 교환을 통해 중요한 것을 가르치기도 하고 축하의 기쁨을 나누기도 합니다. 예를 들면 아이는 원하는 것을 사기 위해 때로 집에서 일을 돕고 용돈을 받아 모으기도 합니다. 또 아이가 원하는 시험에 붙거나 원하는 결과대로 무언가를 이루었을 때 축하하는 마음으로 무언가를 주기도 합니다. 이런 건강한 교환은 반드시 필요한 가치입니다. 그러나 모든 것이 이런 교환으로 이루어지면 부모 자식 간도 매우 건조하고 거래적인 관계가 됩니다. 교환은 상대의 마음을 공감하고 그 감정을 공유하는 바탕에서 이루어지는 것이 중요합니다. 다음 대화는 그 차이를 보여줍니다.

"와! 수학 시험 90점 받았네?"
"엄마, 약속 지키세요. 빨리 게임팩 사줘요."
"그래. 약속했으니까 사줄게."

이 대화에는 공유의 가치는 없고 교환적인 관계만 있습니다.
그렇다면 다음 사례는 어떨까요.

"와, 수학 시험 90점 받았네? 약속도 약속이지만 엄마는 네가 시험을 위해 노력했을 것을 생각하니 더 고맙고 기쁘다. 힘들었지? 수고했어, 아들."

"엄마, 힘들었지만 약속한 점수가 나와서 기뻐요. 약속대로 게임팩 받는 거죠?"

"그럼. 네가 90점이 아니었어도, 얼마나 노력했는지 아니까 어떤 축하라도 해주고 싶었을 거야. 우리 게임팩도 사지만 축하하는 의미로 케이크도 사 먹을까?"

교환은 서로의 언행을 기반으로 주고받는 것입니다. 그러나 공유는 그 교환을 값지게 바꾸어주는 매력이 있습니다. 서로의 마음 상태를 이해하고 공감하는 공유 의식이 없으면 교환은 인간적인 향기를 가질 수 없습니다. 아이를 키우면서 밥을 먹일 때, 시험 결과를 볼 때, 양치를 시킬 때, 방 정리를 시킬 때, 숙제를 시킬 때 어떤 교환을 내걸고 있나요? 그리고 그 교환이 혹시 결과에만 집중되어 때로 자녀와 갈등을 겪진 않나요?

아이가 교환적인 관계에서 무언가를 받을 때 보여주는 특징이 있습니다. 그것은 바로 감사가 없는 마음입니다. 아이는 거래한 대로 받는 것이기 때문에 당연하다고 여깁니다. 시험에서 90점 받으면 게임팩을 사준다고 했으니 받는 것을 당연하다고 생각하는 것이지요. 자녀와의 관계에서 가장 중요한 사랑과 감사가 넘치려면, 자녀와 교환적인 관계로만 남아서는 안 됩니다. 그것은 사랑이 아니라

비즈니스입니다.

저는 부모들이 아이들에게 너무 많은 것에 대해 조건을 걸고 보상하는 것은 아닌지 염려스러울 때가 있습니다. 예를 들면 밥을 잘 먹는다고 무엇을 해주는 경우입니다. 밥은 건강한 신체 구성과 성장에 꼭 필요해 반드시 먹어야 하는 것입니다. 밥을 잘 먹는다고 텔레비전을 보여주거나 장난감을 주는 것은 건강한 방식이 아닙니다. 이런 기본적인 일들까지 보상이 따른다면, 나중에 아이가 자신이 해야 하는 일을 구별하기 힘들고 보상 없이는 움직이려 하지 않을 수도 있습니다.

아이를 움직이게 하는
내적 동기의 힘

아이가 내적 동기에서 움직이도록 도울 것인지, 외적 동기에 의해 움직이게 할 것인지는 정말 중요한 결정입니다. 부모가 강약 조절을 잘해야 합니다. 보상이 따르지 않아도 아이들이 반드시 해야 하는 일들이 있습니다. 자신의 몸을 청결하게 하는 것, 배움을 위해 노력하는 것, 주변 사람들을 배려하는 것, 공동체 생활을 위해 자기 주변을 정리하는 것과 같은 일들은, 외적 보상으로 움직이는 것이 아니라 자기 내부에서 중요하다고 인식해 행동하게 만들어야 합니다. 아이들이 그걸 이해하고 움직이기까지 시간이 걸려도 보상을 걸지 않고 설득하며 아이가 잘 해나가도록 인내하며 돕는 것이 부모의 역할입니다. 다시 말해 살면서 중요한 기본 질서와 규칙에는 조건을 걸면 안 됩니다. 아이들 스스로 중요하다는 것을 알고 움직이면 부모는 그저 바라봐주고 고마움을 표현해주고 격려해주면 됩니다. 아이들마다 속도가 다르니 기다리는 시간이나 방법이 약간은 다를 것입니다. 그러나 아이들이 내적 동기로 움직이기 시작한다면 그것은 정말 멋진 일입니다. 내적 동기로 움직이는 아이들에게는 열정과 빛나는 눈빛이 있기 때문입니다.

이제 대화로 살펴보겠습니다. 밥을 먹지 않는 아이에게 어떻게 말해야 할까요? 어떻게 도울 수 있을까요? 물론 음식은 아이가 좋아하는 맛과 방식으로 만드는 것이 좋습니다. 저는 워낙 요리를 잘 안 하는 엄마이기 때문에 해도 그다지 맛있지 않은 것 같지만, 아들이 어떤 음식을 좋아하는지, 어떤 양념을 좋아하는지 정도는 파악해 좋아하는 음식을 해주려고 노력합니다. 이는 모든 엄마가 고민하는 부분일 테지요. 이런 노력과 함께 필요한 것이 아이를 이해시키는 대화입니다.

대화를 할 때는 조건 대신 제안하기를 권합니다. 아이에게 선택을 허용하고, 부모의 의견과 대립되는 선택을 하더라도 강요는 결코 현명한 방법이 아닙니다. 그러면 아이가 혼란스러워합니다. 요즘 유행하는 '답정녀'(답을 정해놓고 말하라고 시키는 사람)가 되는 것이지요. 이런 일이 반복되면 아이가 학습된 무기력을 느껴 엄마의 말을 믿지 않습니다. 아이가 어떤 행동을 싫어할 때, 예를 들어 밥 먹는 걸 싫어한다면 먹으라고 강요하거나 조건을 다는 것이 아니라 밥 먹는 걸 좋아하도록 만들어야겠지요. 재미있는 놀이처럼 밥을 예쁘게 해주는 것도 방법이고, 밥을 맛있게 먹는 사람들과 같이 먹어보는 것도 방법입니다. "밥 잘 먹으면 텔레비전 보여줄게.", "밥 잘 먹으면 아이스크림 주고 안 먹으면 안 줄 거야."가 아니라, "디저트는 밥 먹고 나서 먹는 거야.", "밥 먹고 나서 편안하게 앉아 만화영화 보자."라고 말해보세요.

공감톡

아이와 의견이 맞지 않을 때 무조건 강요하거나 보상을 제시하는 대신 다음 방법으로 대화를 이어가 보세요.

어떻게 해주기를 원하는지 물어보세요.
"몸에 좋은 거니까 다 먹어." ➔ "다음에는 어떤 음식을 해줄까? 오늘은 이거 먹고."

조건 대신 제안으로 말해보세요.
"밥 다 먹으면 텔레비전 보여줄게. 안 먹으면 안 보여줘." ➔ "밥 먹고 나서 엄마랑 같이 텔레비전 보자."

18
다른 환경을 부러워하는
아이의 마음 알아주기,
주어진 것에 감사하는 마음 가르쳐주기
"나도 저런 집에서 살고 싶어."라는 말을 아이가 할 때

아이들도 주변 친구들을 보면서 부러움을 느낍니다. 그런데 아이들은 부럽다는 말보다 관찰로 먼저 말문을 엽니다. 예를 들어 머리가 짧은 아이가 머리가 긴 아이를 보고 부러우면 "엄마, 쟤는 왜 머리가 길어? 나는 왜 머리가 짧아?"라고 하지요. "엄마, 나는 왜 얼굴이 까매? 쟤는 왜 얼굴이 하얘?"라는 식이에요.

어느 날 마트에 갔는데 한 꼬마가 "나는 왜 이게 없어?"라고 하더군요. 그 순간 '저 아이가 저것을 갖고 싶어 하는구나.'라는 생각을 했습니다. 아이들은 무언가가 부럽거나 갖고 싶을 때 속마음을 이렇게 관찰로 표현합니다.

우리는 늘 누군가와 관계를 맺고 살아갑니다. 혼자 살 수 없기 때문에 상대와 관계를 맺고 상대를 보면서 자기 자신을 확인하죠. 다른 사람의 행동을 관찰하면서 학습하고, 다른 사람이 무언가를 소유하면 자신의 소유물을 확인해보기도 하고요. 그 과정에서 비교하게 되는데, 이때 형성되는 열등감과 우월감은 항상 상대적입니다.

어릴 때 무엇을 보고 부러워했나요? 지금 내 아이가 부러워하는 건 무엇인가요? 아이들이 부러워하는 모든 것을 채워줄 수 있으면 우리가 정말 행복하고 아이들이 더 행복한 삶을 살까요? 정답은 저도 모릅니다. 그러나 확실한 것은 자신이 어떤 것을 부러워하는 마음을 잘 보살피고 다룰 수 있으면 자녀의 마음도 잘 보살필 수 있다는 것입니다. 아이가 어떤 것을 부러워할 때 우리 마음이 지옥 같다면 아이를 잘 도와줄 수가 없습니다. 질투와 시기의 마음을 이해해야 하는 이유입니다. 대체로 어떤 부러운 마음들은 가볍게 지나가지만 어떤 것들은 오래 남기 때문입니다.

질투하는 마음, 시기하는 마음

어릴 때 저에게 무척 잘해주는 친구 집에 놀러 간 적이 있습니다. 친구 어머니가 간식으로 호떡을 줬는데 조금 식었지만 맛있었습니다. 그런데 친구가 호떡이 식어서 먹기 싫다고 하자 어머니가 다시 호빵을 쪄서 줬습니다. 그때부터 그 친구가 미워지기 시작했습니다. 그 친구가 하는 행동은 무조건 밉게 보였죠. 결국 그 친구랑 멀어졌는데, 지금 생각하면 제가 친구를 시기했던 거예요.

부럽다는 말에는 2가지 의미가 담겨 있습니다. 첫 번째는 질투심이고 두 번째는 시기심입니다. 부러워도 자신이 노력하면 가질 수 있는 건 견딜 만하지요. 이것이 건강한 질투심입니다. 하지만 아무리 노력해도 가질 수 없는 것일 때는 얘기가 달라지죠. 저는 그 친구처럼 엄마, 아빠와 한 집에서 살 수 없었습니다. 그래서 그 친구를 시기했던 거죠.

우리는 종종 질투심을 느낍니다. 그런데 노력해도 이룰 수 없는 것들일 때는 무력감이나 시기심이 올라오기도 하죠. 그래서 아이들의 경우 친구가 선생님께 야단을 맞아도 행복하고, 그 친구가 속상해하면 기분이 좋은 거지요. 하지만 질투가 자신을 성장시키는 힘이 된다면, 시기는 남을 깎아내리는 힘이 되기 때문에 비극적인 결과를 갖고 오기도 합니다. 제 경우에는 부러워하면서 좌절하고 시기한 경험이 많다 보니 제 아들이 어느 집이 부럽다고 하면 굉장히 힘들었습니다. 특히 엄마, 아빠랑 다정하게 사는 집을 부러워할 때는 더 괴로웠지요. 제가 줄 수 없는 거라 믿었기 때문입니다.

아이의 질투를 다루는 태도

제가 외국에서 1년간 살 때 아들과 함께 윗집으로 자주 놀러 갔습니다. 소박한 집이었는데, 화장기 없는 얼굴로 늘 반겨주던 그 엄마를 참 좋아했습니다. 아들도 그 집에 가는 것을 좋아하고 편안해했어요. 어느 날 그 집 아빠가 교회 식구들과 함께 우리를 초대했습니다. 맛있는 음식도 먹고 그 집 아빠가 기타를 치면서 부르는 노래도 들으며 즐거운 시간을 보내고 돌아왔죠. 그런데 그날 밤 아들이 가만히 누워 있다가 이런 말을 했습니다.

"엄마, 나는 화평이네 집이 제일 부러워요."

아들은 그 말을 몇 번이고 했습니다. 그 말을 들은 저는 너무 미안해서 밤새 마음이 편치 않았어요. 자식에게 모든 걸 다 주고 싶은 게 엄마 마음인데 제가 해줄 수 없는 것을 부러워하는 터라 미안하기만 했습니다. 그러나 이럴 때 엄마가 무너져서는 안 됩니다. 엄마가 정서적으로 무너져 자기를 비관하고 우울해하면 아이가 더 힘들어지고, 자칫 부모나 남편을 원망하거나 아이를 다그치거나 아이의 생각을 바꾸려고 할 수도 있지요.

이럴 때는 그냥 같이 있어주는 것 외에는 해줄 게 없다는 것을 인정해야 합니다. 별도 달도 따주고 싶은 것이 부모 마음이지만, 여러 가지 현실적인 이유로 당장은 불가능할 수 있기 때문에 현재의 환경을 받아들여야 합니다. 그리고 일시적으로는 마음이 더 아플 수 있지만, 엄마 역시 때로 열등감과 좌절감을 경험하고 있는 만큼 스스로를 위로해주어야 합니다. 이것이 인생이고 누구나 삶에서 어느 정도는 열등감을 가지고 산다고. 그래야만 아이가 그런 말들을 할 때, "네가 어떤 마음인지 엄마도 알아."라고 공감해줄 수 있습니다. 원하는 것을 다 가지면서 살 수 없는 것이 인생이라는 것을 아이들이 단번에 알아듣지는 못하겠지만, 서서히 받아들일 수 있게 말이지요.

주어진 것에 대한
감사의 발견

얼마 전 SNS에서 어떤 기도문 하나를 보았습니다.

"내가 오늘 아침에 눈을 떠서 이 세상을 볼 수 있음이 얼마나 감사한 일인지, 내가 지금 눈을 떠 내 두 다리로 걸을 수 있고 시원한 물한잔 마실 수 있음이 얼마나 감사한지, 내가 내 팔을 사용해서 내 얼굴을 씻을 수 있고 내가 눈을 떠서 내 아이를 볼 수 있고, 이런 일상을 통해 어쩌면 당연한 것들에 감사하면서 살 수 있기를."

행복한 삶이란 뭔가를 성취하고 비워가면서 현재 주어진 것에 감사하는 삶이 아닐까 싶습니다. 아이들도 그런 것을 배워가야겠지요. 그런데 우리는 아이들에게 많이 채우는 것을 주입시키고, 그래야만 성공한다고 말합니다. 그것이 아이들을 불행하게 만들 수 있습니다. 아무리 많이 가져도 비워내는 과정을 겪지 않으면 계속 부족하다고 생각하는 게 사람의 욕심이기 때문입니다. 그래서 현재의 삶, 지금 우리가 있는 곳에서 행복을 찾는 모습을 아이들에게 보여주는 것이 중요합니다.

아이들의 말에 우리가 일희일비하면서 무너져버리거나 예민해지면, 아이들은 속으로만 생각하고 얘기하지 못할 수 있습니다. 아이들이 그냥 편안하게 얘기할 수 있도록 우리가 마음을 잘 잡아야 합니다. 그러면 아이는 여전히 부러운 것이 있어도 '난 나대로 괜찮아.'라며 우리가 그랬던 것처럼 잘 살아갈 수 있습니다.

공감툭

아이가 다른 사람이나 다른 집을 부러워하는 말을 할 때는
다음과 같이 대화를 나눠보세요.

"엄마, ○○네 집은 왜 커?"

부러워하는 마음을 그대로 인정해주세요.
"이만하면 우리 집도 좋은 거야."
➔ "친구네 집이 좋아 보였구나. 그럴 수 있어."

서로가 다름을 이해시켜주세요.
"우리도 나중에 저런 집으로 이사할 수 있어."
➔ "사람마다 성격이 다르고 좋아하는 음식이 다르듯이 다 다른 거야."

내가 줄 수 있는 것을 주세요.
"엄마가 미안해. 좋은 집에서 살게 해주지 못해서."
➔ "당장 그런 집으로 가기는 힘들어. 하지만 지금 우리가 뭘 하면 오늘 행복할 수
있을까?"
"방 구조를 바꿔서 집 분위기를 좀 다르게 해볼까?"

19
엄마의 사랑을 확인하고
싶어 하는 아이의 마음 알아주기

"엄마, 내가 더 예뻐 동생이 더 예뻐?"라는 말을 아이가 할 때

둘째를 임신했을 때 10개월 내내 아내와 함께 "동생이 태어나면 얼마나 좋은 줄 아니?"라며 첫째에게 좋은 점들을 계속 얘기해줬어요. 아내의 배가 불러오자 첫째도 "이제 동생이 나오는 거야?"라며 좋아했죠. 그런데 막상 동생이 태어나자 굉장히 다른 행동을 하기 시작했습니다. 혼자 자던 아이가 절대 혼자 자지 않겠다며 떼를 쓰고, 계단을 오를 때면 "다리 아파서 못 걸어."라면서 계속 안아달라고 해서 둘째는 아내가 안고 첫째는 제가 안고 다녀요. 아이가 혼자 하던 모든 것을 안 하려 합니다. 심지어 양치도 못 한다고 그래요. 동생이 태어나니 '질투가 나서 그런가 보다.'라고 이해는 하는데, 이런 일이 반복되다 보니 어느 순간부터 짜증이 나더라고요. 도대체 왜 다 큰 애가 퇴행 행동을 하는지 모르겠습니다.

퇴근해서 집에 가면 아내는 둘째 돌보느라 지쳐 자기가 첫째를 봐 줘야 하는 상황인데 어찌해야 할지 모르겠다는 한 아빠를 보면서 참 안타까웠습니다. 어떤 아이들은 동생을 정말 예뻐하고 잘 보살펴주 지만, 대부분의 아이가 동생이 태어나면 신기해하고 기뻐하기보다 는 불안해하고 질투와 시기를 합니다. 왜 그럴까요?

사랑은 쪼개지는 것이 아니라 불어나는 것

부부는 사랑이 식으면 헤어지기도 하지만 부모와 자식은 서로 맞 지 않아도 헤어질 수 없는 관계입니다. 부모는 자식을 있는 그대로 받아들이고 존중해주고 인정해주고 필요한 것을 채워주고자 하는 존재로, 사실 부모와 자식 간의 사랑은 책임과도 연결되어 있습니 다. 사랑한다는 건 호감을 넘어선 의지적 행위입니다. 매순간 아이 를 사랑하겠다는 선택과 의지 없이는 사랑이 유지되기 힘들죠.

아이들은 동생이 태어나면 자신이 사랑받지 못할까 봐, 자신의 사 랑을 뺏길까 봐 불안해하고 걱정합니다. 그런 아이에게 "동생은 좋 은 존재야. 동생은 축복이야. 네가 심심하지도 않을 거고 동생이 있 으면 너에게 좋은 점이 너무 많아."라고 말하면 이해할까요? 먼저 사랑의 개념부터 알려줘야 합니다. 그러기 위해서는 부모부터 사랑 의 바른 개념을 알아야 하죠. 둘째를 낳은 사람들이 둘째가 더 예쁜 것 같다는 말을 더러 합니다. 그러나 예뻐 보인다고 하여 더 사랑하

사랑은 기적이자 마술과 같아서
아이가 태어나면 그만큼의 사랑이 또 생깁니다.
　사랑의 양이 정해져 있어 그것을 나누어야 하는 것이 아니라,
아이가 생기면 그 곱절의 사랑이 또 생기는 것입니다.
　아이에게 그걸 이해시키면 됩니다.

는 것은 아닙니다. 첫째와 달리 실수가 줄면서 여유가 생겨 아이의 행동에 너그러워지다 보니 더 예뻐 보이는 것이죠.

만약 첫째와 둘째 중 한 아이만 선택하라면 할 수 있을까요? 둘 중 하나만 살릴 수 있다면요? 아마도 "절 데려가고 둘 다 살려주세요."라고 하겠지요. 첫째를 사랑하던 마음이 모두 둘째한테 가는 건 아닙니다. 사랑은 기적이자 마술과 같아서 아이가 태어나면 그만큼의 사랑이 또 생깁니다. 사랑의 양이 정해져 있어 그것을 나누어야 하는 것이 아니라, 아이가 생기면 그 곱절의 사랑이 또 생기는 것입니다. 아이에게 그걸 이해시키면 됩니다. 사랑은 하나가 아니라 불어나는 것이므로 빼앗으려 하지 말고 그저 누리면 된다는 것을 알려주는 것입니다.

둘째를 질투하는 첫째와 할 수 있는 행동

A4용지에 하트를 크게 그려 아이에게 보여줍니다. "네가 태어날 때 엄마 마음속에서 이 사랑이 쏙 나왔어."라고 말하면서요. 엄마 몸 뒤에 똑같이 그린 A4용지 한 장을 숨겨두고 다시 말합니다. "동생이 태어나잖아? 그럼 너에게 보여준 이 사랑을 반으로 쪼개 동생한테 주는 게 아니야. 너에 대한 사랑은 이대로 다 네 거야."

아이가 "내 사랑을 반으로 나눠주지 않으면 동생 사랑은 어디 있어?"라고 물으면 숨겨두었던 종이를 꺼내 보여주며 말합니다. "이거

봐. 하나가 더 생겼지? 동생이 생기면 사랑이 두 배가 되는 거야. 네 걸 뺏어서 나눠주는 게 아니야."라고 말이지요.

블록을 쌓아가며 해도 좋습니다. 방식은 상관없습니다. 중요한 것은 사랑은 커지는 거지 쪼개서 나눠주는 것이 아니라는 걸 알려주는 것입니다. 그러면 아이는 동생을 볼 때마다 그 그림을 떠올리게 될 거예요. 물론 엄마가 신체적으로 힘은 더 들겠죠. 하루 24시간은 똑같은데 한 아이에게 집중했던 시간을 쪼개 둘째도 돌봐야 하니까요. 1시간 동안 아이와 함께 그림을 그렸다면 "엄마는 동생 젖을 줘야 하니까 이제 너 혼자 해봐."라고 말하면 됩니다. 이때 시간을 나누는 것과 사랑은 다르다는 것도 분명히 알려주어야 합니다. 예전에는 엄마가 하루 종일 놀아줬는데 이제는 동생을 돌본다고 가면 사랑을 뺏겼다고 생각할 수 있기 때문입니다. 그러나 이런 활동을 하다 보면 엄마의 몸은 하나이기 때문에 시간은 나눠 써야 하지만 사랑은 두 배로 늘어난다는 것을 아이들이 배울 수 있을 것입니다.

공감툭

"엄마, 내가 더 좋아 동생이 더 좋아?"라고 물을 때
다음 활동을 해보세요.

A4용지 두 장을 준비해 각 종이에 하트를 크게 그려보세요.
한 장은 아이에게 보여주고 한 장은 숨겨두세요.

한 장을 아이에게 보여주면서 말해주세요.
"이게 너를 낳고 엄마에게 생긴 사랑이야."
"동생이 생겨 이 사랑을 나눠야 한다고 생각했니?"

아이가 그렇다고 대답하면 뒤에 숨겨놓았던 종이를 보여주세요.
"이것 봐, 사랑이 두 배가 되었지? 동생이 태어나면 사랑이 그만큼 또 생기는 거야."
"사랑은 샘물처럼 계속 생기는 거지 나누는 게 아니란다."
"엄마가 나누는 건 시간이야. 몸은 하나인데 너랑 동생을 돌봐야 하니까. 시간은 사
랑과 달라서 나누어서 써야 해."

20
아이들 간 갈등
중재의 기술

"엄마는 동생 편만 들어."라는 말을 아이가 할 때

저희 아이 반에 천식을 앓는 윤호라는 아이가 있었어요. 윤호는 친구들에 비해 몸도 왜소하고 키도 작았어요. 학부모 모임이 있던 날, 윤호 엄마가 윤호 짝인 승우 엄마에게 말을 건넸어요.

"승우 어머니, 승우가 행동이 좀 과격하고 활발해서 우리 아이한테 피해가 되는데, 체육 수업 마치고 흙먼지 묻은 옷으로 너무 펄럭거리지 않도록 조심시켜주면 감사하겠어요."

승우는 무척 활달하고 장난치는 걸 좋아하는 친구였는데, 윤호 엄마는 체육 수업 후 흙먼지 날리는 것이 좀 불편했던 거예요. 그 말을 들은 승우 엄마가 발끈했어요.

"아이들이 체육 수업을 하면 당연히 흙먼지가 날리지 않나요? 승우가 행동이 크긴 해도 남에게 일부러 피해를 주진 않아요."

윤호 엄마는 다시 말했죠.

"승우가 우리 윤호에게 일부러 그런 장난을 하는 날이 많아요. 친구끼리 조금만 조심하면 되는데, 그 말을 해주는 게 힘든가요?"

"글쎄요. 승우랑 이야기를 해보긴 하겠지만, 그렇게 불편하면 윤호가 체육 시간에 아이들을 피해 있으면 되겠네요."

승우 엄마는 이렇게 말하고 자리를 피해 제 옆으로 왔어요.

이때 상담자가 승우 엄마 편을 들면서 "그러게요. 아이에게 천식이 있으면 스스로 조심시켜야죠."라고 하면 윤호 엄마가 발끈할 거고, 윤호 엄마 편에서 "승우 엄마도 속은 상하겠지만 윤호가 천식이 있잖아요. 솔직히 승우가 행동이 크고 부산스럽긴 해요. 조금만 주의시키면 되지 않을까요?"라고 하면 승우 엄마가 발끈하겠지요. 한쪽 편을 들거나 같이 상대를 비난하지 않으면서 두 사람이 서로 회복되도록 도우며 반응할 수 있는 방법을 배울 수 있다면 얼마나 좋을까요? 그것을 갈등을 중재하는 과정이라고 합니다.

윤호 엄마가 승우 엄마에게 바란 진심, 즉 진짜 욕구는 '아이가 건강하게 생활할 수 있도록 돕고 싶은 욕구 / 주변의 협조와 이해에 대한 욕구'였을 겁니다. 그리고 승우 엄마가 윤호 엄마에게 바란 진심, 즉 진짜 욕구는 '비난으로부터 보호하고 싶은 욕구/ 아이들의 개성과 발달을 존중받고 싶은 욕구'였을 것입니다. 그게 서로 안 되다 보니 윤호 엄마는 걱정스럽고 서운했을 것이고, 승우 엄마는 서운하고 억울했을 겁니다.

두 사람에게 필요한 것은 서로 비난하며 따지는 것이 아니라 서로의 욕구를 보살피고 충족할 수 있는 방법을 찾아가는 것입니다. 우리가 아이들에게 가르쳐주고 싶은 것이 이런 방식의 문제 해결 능력이죠. 그렇다면 아이가 친구와 다퉜을 때, 형제끼리 다툴 때 엄마는 어떻게 아이들을 도울 수 있을까요?

중재의 기술 1
: 서로의 욕구 알아주기

저희 아이들은 연년생 형제예요. 평소에는 잘 노는데 가끔 다툴 때가 있습니다. 그런데 한번 다투면 서로 우기는 성격이라서 참 힘들어요. 제가 확실하게 이야기해주거나 아예 한쪽 이야기는 듣지 않고 정리해야만 갈등이 끝나지요. 얼마 전 둘째가 첫째의 책을 달라고 조르다가 첫째가 주지 않자 그걸 잡아당겨서 뺏었어요. 첫째는 저에게 달려와 동생이 자신의 책을 허락 없이 뺏었으니 혼내달라고 말했죠. 제가 "동생인데 양보해. 넌 다른 거 읽으면 되잖아."라고 말하자 첫째가 대뜸, "엄마! 그건 아니죠. 지난번에 제가 동생 레고 갖고 놀았을 때는 저를 야단쳤으면서 이번에는 왜 그러세요?"라고 하는 거예요. 저는 할 말이 없어 둘째에게 가서 "너 형한테 빨리 돌려줘."라고 말했어요. 그러자 둘째가 울먹거리면서 "엄마, 미워. 형 편만 들고. 형한테는 이런 책도 사주고 나는 만날 형 쓰던 것만 주고."라고 하더라고요. 저는 할 말이 없어 그냥 소리를 질렀고, 둘째는 울먹거리다가 그쳤어요. 아이들이 다투면 어떻게 해야 할지 난감할 때가 많습니다."

갈등에 빠진 아이들은 각자가 피해자라고 생각합니다. 엄마는 누가 피해자이고 가해자인지 알 것 같아도 섣불리 심판을 해서는 안 됩니다. 우리가 감정적으로 불편해지면 자신의 행동을 합리화하며 방어적으로 나오듯, 아이들도 저마다 피해자로서의 감정을 갖고 있기 때문입니다. 엄마가 갈등에 빠진 두 아이 사이에서 지켜야 할 첫 번째 다짐은 "잘못을 따지는 것이 아니라 각자의 욕구가 무엇인지 파악한다."입니다.

첫째 아이의 욕구는 무엇이었을까요?

공정하게 대우받고 싶은 마음을 이해받고 신뢰하는 것 - 엄마와의 관계

존중받고, 자기가 선택할 수 있음을 인정받는 것 - 동생과의 관계

둘째 아이의 욕구는 무엇이었을까요?

자신도 동등하고 중요하게 사랑받고 있음을 확인하고 싶은 것 - 엄마와의 관계

자신도 재미있게 놀고 싶은 마음을 이해받고 같이 놀고 싶은 것 - 형과의 관계

갈등 상황에 있는 아이들이 서로에 대한 비난을 멈추게 하는 방법은 서로의 욕구로 주의를 돌리는 것입니다. "알았어. 엄마가 보니까 우리 첫째는 문제를 해결할 때 공정한 게 중요하구나. 그리고 네 물

건은 네가 선택하고 싶은 거고. 그걸 존중받고 싶었니?"라고 말하는 겁니다. 그런 다음 둘째를 보면서 "우리 둘째는 형아랑 같이 재미있게 놀고 싶었니? 그리고 너도 엄마에게 똑같이 사랑받고 있다는 걸 확인하고 싶었구나."라고 말해주는 겁니다.

"네 거 같은 소리하네. 엄마가 사준 거지, 그게 왜 네 거야. 이리 내놔. 동생한테 양보해." 혹은 "서로 욕하지 마! 서로 헐뜯지 마. 서로 잘못했다고 말해. 누가 먼저 그랬어? 네가 잘못했네."라는 식으로 문제를 해결하면 아이들 중 한 명에게는 늘 상처가 남게 마련입니다. 중재에서는 중립자가 되어 아이들 각각의 욕구를 찾는 것이 제일 중요하다는 것을 꼭 기억하기 바랍니다.

중재의 기술 2
: 욕구와 연결된 감정 공감해주기

"형 때문에 슬펐구나." → "재미있게 놀고 싶었는데 그러지 못해서 슬펐구나. "

"동생 때문에 화가 났구나." → "네가 선택하고 싶었는데 그게 안 돼서 화가 났구나."

아이들 각자의 욕구를 탐색했다면 이제 그 욕구의 좌절이 갖고 오는 감정이 어떤 것인지 느껴볼 수 있도록 도와야 합니다. 첫째 아이는 자신의 물건에 대해 스스로 선택하고 결정하기를 원했고 그 부분을 존중받고 싶었는데 그게 되지 않아서 화가 났을 것입니다. 그리고 둘째 아이는 같이 재미있게 놀고 싶었는데 원하는 대로 되지 않아서 슬프고 서운했을 것입니다.

이때 상대의 행동은 서로에게 자극이 되었을 뿐 각자 느끼는 감정의 원인은 아닙니다. 동생이 허락 없이 책을 갖고 간다고 해서 형이 늘 화가 나는 건 아닐 겁니다. 첫째 아이에게는 그날, 그 순간, 그 욕구가 중요했기 때문에 화가 난 것일 뿐이지요. 그것은 아이가 숙제를 안 했다고 해서 우리가 늘 화가 나는 것은 아닌 이유와 같습니다. 우리가 그 순간 편안하게 쉬고 싶고 지쳤다면 아이가 숙제를 안 했을 때 화가 나겠지만, 우리가 그 순간 몸과 마음이 편안한 상태라면 숙제를 안 했다고 해도 화가 나진 않겠지요. 걱정스럽고 안타까울 순 있지만 말입니다. 당시 욕구가 무엇이었느냐에 따라 감정이 달라질 뿐입니다. 이때 상대의 행동은 그 감정을 촉발하는 자극제일 뿐, 감정을 불러일으킨 대상이나 원인이 되지는 못합니다. 두 아이도 마찬가지입니다. 그래서 아이들을 중재할 때는 "형 때문에 슬펐구나.", "동생 때문에 화가 났구나."가 아니라 "원하는 게 되지 않아서 슬펐구나."라고 말해주는 것이 아이들에게 도움이 됩니다.

중재의 기술 3
: 양쪽의 욕구를 모두 만족시킬 방법 탐색하기

우리가 누구 책임인지, 누가 잘못했는지 따지고 분석하려는 태도를 내려놓을 수 있다면, 문제를 더 잘 해결할 수 있습니다. 아이들의 관점은 바로 이런 방식으로 변화시킬 수 있습니다.

"쟤는 문제야. 쟤가 나빠. 그러니까 쟤가 잘못했다고 말하고 변해야 돼." → "우리는 문제가 생겼어. 쟤하고 나하고 같이 이 문제를 해결할 방법을 찾으면 돼."

첫째의 욕구와 둘째의 욕구 모두를 보살필 방법을 어떻게 찾을 수 있을까요?

아이들에게 먼저 물어보세요.

"어떻게 하면 형의 선택을 지켜주면서 재미있게 놀 수 있을까?"

"그럼 형이 읽어줘. 아니면 형이 읽고 나서 나 빌려줄래?"

"자, 동생이 재미있게 놀고 싶다는데 어떤 방법으로 도와줄 수 있을까?"

"내가 책 읽고 나서 너랑 다른 놀이 할게. 아니면 내가 읽어줄게. 대신 내 책이니까 내가 잡고."

왜 우리는 문제가 생기면 바로 이렇게 해결하지 못하고 서로 비난할까요? 그것은 좌절된 욕구를 먼저 이해받고 싶어 하고 감정을 공감받고 싶어 하기 때문입니다. 문제가 해결됐는데도 여전히 불쾌하고 서운했던 경험들이 있을 겁니다. 그건 결과도 중요하지만 그 과정에서 느낀 감정과 좌절된 욕구에 대해 공감받고 이해받을 때 비로소 진정으로 서로 이해하며 협력해서 문제를 해결하고자 하는 마음이 올라오기 때문입니다.

중재의 기술 4
: 시간과 여유가 있을 때 시도하기

저는 종종 중재에 실패했습니다. 제 마음에 여유가 없거나 물리적인 시간이 없을 때 시도했기 때문이지요. 우리에게는 아이들의 욕구를 탐색하고 찾을 수 있는 능력과 공감할 수 있는 능력이 있습니다. 그러나 급히 외출해야 하거나 출근해야 할 때 아이들이 다툰다면 중재는 불가능할 겁니다. 그럴 때는 일단 문제부터 해결하고, 아이들에게 남은 앙금과 서운함은 잠시 보류할 필요가 있습니다. 그런다음 여유가 생겼을 때 아이들과 함께 당시 아이들이 느꼈을 감정과 좌절된 욕구를 찾아서 달래주고, 다음에 또 이런 일이 생기면 어떻게 해결할지 규칙을 정해놓는 것이 좋습니다. 아이들과 함께 무언가를 해결하고자 할 때 제일 우선시해야할 일은 우리의 체력과 에너지라는 것을 꼭 기억했으면 좋겠습니다.

공감툭

아이들 사이의 갈등에서 중재자 역할을 한다면
다음을 기억하고 대화를 이어갑니다.

아이들에게 "나는 중간에 서겠다."고 입장을 밝히는 것이 먼저입니다.
"누가 먼저 그랬어." ➡ "지금부터 우리 문제를 해결해보자. 엄마가 도와줄게."

두 사람의 말을 번갈아가며 공정하게 들어보겠다는 태도를 보여주세요.
"네가 잘못했네." ➡ "공정하게 5분씩 이야기하고 상대가 얘기할 땐 기다리자."

각자가 갖고 있는 좌절된 욕구를 들어보겠다는 태도를 보여주세요.(부록_
욕구 목록 참고, 282쪽)
"너 때문이잖아." ➡ "원하는 게 안 됐구나. 그때 원했던 건 (예-존중, 이해, 보호)이
거였구나."

두 아이가 서로를 배려하면서 어떤 것을 요청할 수 있는지 도와주겠다는
것을 알려주세요.
"서로 사과하고 앞으로 싸우지 마." ➡ "우리 모두 만족하려면 어떤 노력을 하는 게
좋을까?"

21
아이가 죽음을 두려워할 때
감정 수용하고 공감해주기

"엄마 죽으면 어떡해?"라는 말을 아이가 할 때

    자녀를 셋이나 둔 엄마이자 저의 오랜 교육생이었던 분이 유방암으로 세상을 떠났다는 소식을 듣고, 카톡에 저장된 그분의 사진을 물끄러미 본 적이 있습니다. 카톡의 사진은 그대로인데 그분이 세상에 존재하지 않는다는 사실이 너무 마음 아파서 한참을 아무것도 못한 채 앉아 있었습니다. 아이들은 또 엄마 없는 세상에서 얼마나 힘들지, 마음을 모아 아이들이 건강하게 성장하기를 바랐습니다. 죽음 앞에서는 모든 당연한 것들이 당연하지 않더군요.

살아 있는
모든 것이 기적

당연한 것은 아무것도 없다는 것을 알면 일상이 다르게 보입니다. 아이 얼굴 보는 것, 눈으로 보는 것, 아이 챙겨주는 것, 음식 만드는 것, 아이를 쓰다듬고 뽀뽀하는 것, 숨 쉬는 것 모두 기적과 같습니다. 휴대전화를 펼치면 주변의 지인들과 연결되는 것, 의자에 앉아 있는 것도 기적과 같지요.

몇 해 전 종합검진을 받다 몸에 의심되는 것이 있어 조직검사를 해봐야겠다는 말을 들었습니다. 조직검사를 하고 결과를 기다리는 일주일 동안 당연한 것들이 당연하지 않은 경험을 했습니다. 잠깐이지만 '죽음을 앞둔 사람들 마음이 이렇겠구나.' 하는 생각도 했죠. 또한 공황 장애가 있을 때는 숨 쉬는 것이 당연하지 않았습니다. 공황 발작이 오면 숨을 쉴 수 없을 것 같은 공포가 밀려들어 "제발 숨만 잘 쉬게 해주세요."라고 기도했고, '숨조차 내 마음대로 못 쉬는구나.'라는 무력감이 들면 내 자신이 보잘것없어지면서 한없이 우울했습니다.

가끔은 당연하게 여기며 누리는 것들을 다시 생각해볼 필요가 있습니다. 당연하다고 생각한 것이 당연하지 않다는 것을 알면, 오늘 하루를 잘 살아내게 하는 힘이 되고 아이들과 공감하는 능력이 활성화되기도 합니다. 당연하게 생각하며 아이를 바라볼 때는 보이지 않았던 것들이 보이기 때문이지요. 가끔씩 이런 생각을 해야 하는 더욱 중요한 이유는, 모든 것을 당연하게 여기면 자신도 모르는 사이에 사람들과 점점 멀어져 소외되고 고립되는 것은 물론 결국은 관계가 끊길 수 있다는 것입니다.

'사람이 이러다 죽는구나, 죽을 수 있겠구나.'라고 생각하며 일주일을 보내면서, 엘리자베스 퀴블러 로스라는 여성 정신의학자가 쓴 《인생수업(엘리자베스 퀴블러 로스 저, 류시화 역, 이레)》이라는 책을 읽었습니다. 세쌍둥이로 태어난 엘리자베스는 똑같은 누군가가 둘이나 더 있다 보니 어려서부터 '나는 누군가?'라며 정체성에 대해서 고민했다고 합니다. '나는 누구이며 어디에서 왔고 어디로 가는가?'는 삶에서 아주 중요한 질문이지요. 누군가에게 기여하며 살아야겠다고 다짐한 그녀가 정신과 의사가 되어 선택한 행동이 호스피스 운동이었습니다. 그리고 죽어가는 사람들이 남겨준 인생의 레슨, 그것을 담은 책이 바로 《인생 수업》이었지요.

급하지 않으나 소중한 것, 아이라는 존재

우리는 아이들이 아프면 '밥만 잘 먹어도 좋겠다.'라고 생각합니다. 그러다 다 나아서 숙제는 안 하고 밥을 잘 먹으면 "네가 잘 먹는 것 빼고 잘하는 게 뭐야."라고 야단칩니다. 엄마인 우리는 늘 깨어 있어야 합니다. 그래야 아이들도 진정으로 살 수 있기 때문입니다.

우리가 정서적으로 메말라 죽어지내면 아이들의 마음도 메말라갑니다. 아이들이 슬퍼서 울면 "그까짓 일이 뭐 슬프다고 울어."라고 하지 말고, "슬프면 눈물이 나지? 엄마 품으로 올래?"라고 할 수 있는 엄마, 아이들이 웃으면 "별 시답지 않은 일로 히죽거린다."고 하지 말고, "즐거운 일이 있니? 너를 보니 엄마도 웃음이 나네. 안아줄까?"라고 할 수 있는 엄마여야 합니다. '지금이 내 삶의 마지막 순간이라면 나는 아이에게 어떤 말과 행동을 할까?' 생각하면 매 순간 아이들의 소중함을 알 수 있을 겁니다.

죽음 앞에서 찾는 삶의 의미

엘리자베스 퀴블러 로스는 어느 인터뷰에서, "사람들은 나를 죽음의 여의사로 알고 있지만 사실 나는 죽음을 연구한 것이 아니다. 나는 삶의 진정한 의미를 발견하고자 했다."라고 말했습니다. 종합검진 결과를 기다리던 일주일간 제게도 많은 생각이 오갔지요. '정말 암이라면, 그리고 상황이 심각하다면 내 아들은 어떻게 되는 거지? 내가 지켜주지 못하면 어쩌지?'라는 불안과 공포가 온몸을 휩싸면서 마치 몸이 마비된 듯 눈물이 나기 시작했습니다. 세상에 혼자 남겨진 듯한 기분이 들고, 내가 없으면 내 아이도 그런 기분을 느낄 것 같아 걱정이 가득했지요. 어느 날은 길가에 차를 세우고 심호흡을 하다 '오늘은 빨리 가서 아들을 맞아주어야겠다.'는 생각이 들어

오후 일정을 취소하기도 했습니다.

일을 하다 보면 급한 일과 급하진 않지만 중요한 일이 있는데, 그 순간에는 '늘 있을 것 같은 아이와 함께 있어주는 것'이 가장 중요한 일이었습니다. 급한 일은 민감하지 않아도 알 수 있습니다. 마감일을 어기지 않고 관리비를 내는 것 같은 일들. 그러나 급하진 않지만 아주 중요한 것들이 있습니다. 수업 끝나면 집으로 돌아오는 것 같은 아이들의 일상도 마찬가지입니다. 과연 그것이 당연한 걸까요? 당연할 거라 생각했던 것들이 당연하지 않을 때 우리는 비로소 '그때 내가 감사하지 못했구나.'라고 생각합니다. 사랑하는 가족을 먼저 떠나보낸 사람들도 당연히 저녁이면 가족들이 돌아올 거라고 생각했을 거예요. 어쩌면 아침에 다투었을 수도 있지요. 그런데 당연히 돌아올 거라 생각했던 가족이 돌아오지 않는다면? '오늘 하루를 어떻게 살아야 할 것인가?'를 생각하지 않을 수 없습니다. 더 많이 사랑하고 후회 없이 표현해야 합니다.

우리에게는 아직 소중한 존재가 곁에 있습니다. 누군가는 너무나 간절히 원하는 그 대상이 우리에겐 있습니다. 그것을 생각하면 우리에게는 오늘이 따뜻한 봄날이지만, 눈을 돌려 주변을 바라보면 가슴 아픈 일이 많습니다. 소중한 아이들과 함께할 수 있는 오늘을 선물받은 행복을 느끼면서 타인의 아픔에도 공감하는 하루하루를 보내면 좋겠습니다.

공감톡

아이가 갑자기 부모가 죽을까 봐 두려워할 때 다음과 같은 대화를 나눠보세요.

"엄마, 엄마가 죽으면 나는 어떡해?"

아이의 감정을 부인하거나 가르치지 말고 수용해주세요.

"죽긴 왜 죽어." ➔ "갑자기 그런 생각이 들어서 불안했구나."

아이에게 스킨십과 말로 공감해주세요.

"안 죽어. 엄마 씩씩하고 건강하잖아.", "말이 씨가 되니까 그런 말 하지 마."

➔ "엄마가 건강하게 오늘을 살 수 있어서 참 감사하다. 그치? 내일도 우리가 함께 할 수 있도록 우리 건강하게 지내자. 이리 와, 엄마가 안아줄게."

22
부부싸움으로 불안해하는
아이에게 사과하기
"엄마는 너 때문에 산다."라는 말 대신

저희 아이는 초등학교 2학년입니다. 아이가 자고 있을 때 부엌에서 남편과 이야기를 나누다 다투게 되었어요. 사소한 문제로 시작했지만 이내 쌓였던 감정들이 폭발했고 저희 언성이 높아졌습니다. 그때부터는 서로 이성적이지 못했어요. 남편이 식탁 위에 있던 젓가락을 던지면서 제 머리를 손으로 쳤습니다. 저는 너무 화가 나서 남편의 등을 막때렸지요. 그때 잠든 줄 알았던 아이가 부엌 귀퉁이에서 저희를 쳐다보고 있었어요. 아이에게 다가가자 아이는 얼른 방으로 들어가 문을 잠가버렸습니다. 아이 아빠는 밖으로 나가고 저는 다른 방으로 들어가 한참을 울었습니다. 며칠이 지났지만 아직 아이와 그 사건에 대해 얘기를 하진 않았어요. 아이도 아무런 말이 없고요. 제가 직접 뭔가를 하기보다는 상담이나 도움을 받아야 할까요?

아이에게 좋은 모습만 보여주고 싶은 게 부모 마음이지만 때론 감정이 앞서 서로를 비난하면서 다투고 심지어 서로 던지고 때리는 모습을 아이들에게 고스란히 보여주고 말 때가 있습니다. 그러고는 어떻게 처리해야 할지 몰라 힘들어하고 후회하죠. 그러나 뜻대로 되지 않는 것이 인생이란 것을 받아들이면 우리가 매 순간 어떻게 자신을 위로하며 걸어가야 할지 명확해집니다.

솔직함의 힘

위 사례의 엄마 마음은 어떨까요? 남편과 잘 소통하고, 아이를 보호할 수 있는 방법으로 갈등을 해결하고 싶었을 겁니다. 그러나 어떤 것도 자신의 뜻대로 되지 않았겠죠. 그 결과 마음이 허탈하고 아이에게 어떤 영향을 줄지 몰라 막막할 것입니다. 지금 이 엄마에게 가장 중요한 것은 '아이가 정서적 안정을 회복하는 것'이겠지요.

그렇다면 그 작은 아이의 마음은 어떨까요? 부모님의 싸움을 보면서 얼마나 두려웠을지, 자신은 아무것도 할 수 없다는 생각에 얼마나 막막하고, '나는 이제 어떻게 되는 걸까?'라는 생각에 얼마나 불안했을지 짐작할 수 있습니다. 이럴 때는 전문가를 찾아가 적절한 도움을 받는 것도 중요합니다.

하지만 전문 상담사를 찾아갈 여건이 안 될 때는 어떻게 공감해줘야 할까요? 저도 이혼 과정을 돌이켜보면 '어른인 나도 괴로운데 우리 아이는 어떨까?'를 생각할 겨를이 없었던 것 같습니다. 어떤 일은 시간을 놓쳐 상처가 된 후에야 알 때가 있습니다. 아이의 마음을 공감할 시기를 절대 놓쳐서는 안 되는데 말입니다.

이럴 때는 아이가 안심하고 말할 수 있도록 엄마가 먼저 자신의 마음을 표현하는 것이 좋습니다. "저번에 엄마랑 아빠랑 싸우는 모습을 보여줘서 미안해. 서로 다투더라도 네가 무섭지 않도록 좀 더 부드럽게 얘기했어야 하는데 엄마, 아빠가 그러지 못했어. 엄마, 아빠는 네가 상처받았을까 봐 걱정하고 있어. 그때 너의 기분이 어땠는지 말해줄 수 있겠니?"라고 솔직하게 얘기하는 것입니다. 우리는 자기 마음을 솔직하게 표현하는 걸 두려워합니다. 혹여 아이들에게 더 상처를 주게 될까 봐서입니다. 그러나 아이들이 이해 못 할 거라고 생각하며 침묵으로 덮고 넘기거나 솔직하게 표현하지 않으면, 아이들을 더 혼란스럽게 만드는 결과를 낳을 수 있습니다.

공감의
힘

아이가 엄마의 말을 듣고 나서 "어 엄마, 나 너무 무서웠어. 엄마, 아빠 싸우는 거 싫어."라고 한다면 이제 아이의 마음을 공감해주는 겁니다.

"그래. 많이 무섭고 불안했지? - 감정

엄마, 아빠가 사이좋게 지내고 너도 편하게 지내고 싶었지? - 욕구

그래서 엄마, 아빠가 다투는 걸 보고 많이 무서웠을 거야. 엄마가 알아. 미안해."

- 책임에 대한 인정

"네가 얼마나 두려웠을지 알아. 엄마, 아빠가 다툴 때 너의 마음을 헤아리지 못해서 미안했어. 엄마가 아빠랑 잘 얘기해서 다시 좋아질 수 있도록 노력할게. 미안하다." 하고 안아주는 겁니다. 이것만으로도 아이는 '엄마, 아빠가 내 마음을 아는구나.'라고 생각합니다.

물론 엄마들에게 이 과정이 얼마나 어려울지, 얼마나 고통스러울지 이해합니다. 때로 '나는 내 자신과 공감하는 방법도 모르는데 어떻게 해야 하지?'라는 생각이 들어 막막하기도 할 겁니다. 자신도 힘든데 아이의 마음까지 공감해야 한다는 것은 도전이고 힘든 일입니다. 그렇다고 해서 없었던 일인 듯 그냥 넘어가서는 절대 안 됩니다.

공감톡

아이가 깊은 상처나 아픔에 빠져 있을 때, 그리고 그것이 우리에게 너무 큰 두려움일 때 다음과 같이 대화를 이어보세요.

두려움을 먼저 표현한 뒤 네 이야기를 듣고 싶다고 솔직하게 말해보세요.
침묵하거나 없던 일처럼 지나가는 대신
➔ "엄마가 걱정했어. 엄마, 아빠가 다툴 때 네가 서 있는 걸 봤거든. 엄마, 아빠가 좀 더 부드럽게 이야기했어야 하는데, 미안해. 네 마음도 들어주고 싶은데 엄마한테 말해볼래?"

아이가 이야기하면 아이의 마음과 욕구를 공감해주세요.
"아무 일도 아니야. 넌 신경 쓸 필요 없어.", "걱정하지 마."
➔ "많이 무섭고 불안했지?(감정) 엄마, 아빠가 사이좋게 지내고 너도 편하게 지내고 싶었지?(욕구) 그래서 엄마, 아빠 다툴 때 많이 무서웠을 거야. 엄마가 알아. 미안해."(책임에 대한 인정)

23
이혼 가정에서 가장 중요한 일,
아이 마음 알아주기

"아빠 집에서 엄마 얘기 안 했어?"라는 말 대신

이혼을 하면 부모 자신의 고통이 워낙 커 혼란스러워하는 아이의 눈동자를 보지 못하는 경우가 많습니다. 정신없이 시간이 지나고 아픔이 가슴을 휘젓고 나면 마치 마음 안에 쓰나미가 지나간 것처럼 모든 것이 엉망이 되어 있는데, 아이는 그 안 어딘가에서 두려움과 불안에 떨며 서 있습니다. 시간이 지나면 '내 아이가 그때 진짜 힘들었겠구나.', '내가 그때 그렇게 하지 말았어야 했구나.'라고 생각하지만 그 당시에는 모르고 지나가죠. 아이가 자다 깨서 막 울고 소리를 지르면, 자신도 너무 힘들기 때문에 '얘가 이런 상황이라 정서적으로 불안해서 그러는구나.'라고 알아주기보다는 "너 때문에 엄마까지 못 자잖아."라면서 아이를 윽박지르고 나쁜 말들이 자신도 모르게 불쑥불쑥 올라오기도 합니다. 중요한 건, 어른들끼리 이런 속마음을 나누면 누구라도 그런 상황에서는 그럴 수 있다고 이해하지만 아이들은 이해하지 못할 뿐 아니라 그 기억이 생각보다 오래 간다는 겁니다.

이혼 가정의 부모는 자신들의 의지와 상관없이 아이들의 마음에 커다란 상처를 남기게 됩니다. 부모가 할 일은 그 상처를 최소화하면서 아이의 눈을 보고 아이의 마음을 만져주면서 살아갈 수 있는 방법에 대해 고민하는 것입니다.

"부부는 남이 되어도 부모는 남는다."라고 했습니다. 그러니 기억합시다. 아이 덕분에 우리가 힘을 낼 수 있음을. 그리고 바라봅시다. 아이의 슬프고 떨리는 눈동자를. 또한 노력합시다. 우리의 노력이 아이들의 건강한 미래를 열어줄 수 있으니.

하지 말아야 하는 대화

이혼을 하면 면접교섭권이 주어집니다. 양육하는 사람이 일정한 주기로 정해진 시간에 전 배우자와 아이가 만날 수 있도록 협조하는 것입니다. 양육권이 엄마한테 있다면 면접교섭권은 아빠한테 있는 거죠. 그런데 두 사람은 미리 마음의 준비를 했고 각자의 삶을 선택했기 때문에 혼란이 적겠지만, 양쪽 집을 오가는 아이에게는 불안감과 초조함, 그리고 익숙지 않은 혼란스러움이 존재합니다. 아이들이 어릴수록 그 감정을 정확히 인식하지 못하고 표현하기는 더 어렵지요. 그래서 아이들은 그런 혼란스러움을 몸으로 표현하기도 합니다. 어떤 아이는 손톱을 물어뜯을 수 있고, 어떤 아이는 틱 증상이 나올 수 있습니다. 야뇨증이 생기거나 자꾸 신경성 배탈이 날 수도 있고, 말이 없어지거나 갑자기 산만해질 수도 있죠. 어떤 변화가 나타날지는 알 수 없습니다. 만약 이혼을 했다면 아이들의 행동과 말, 몸 상태를 잘 살피고 도와주세요. 양쪽을 오가는 아이의 마음이 마냥 편안하지는 않을 것이기 때문입니다.

"거기서 뭐 했어?"
"아빠가 뭐래? 할머니가 엄마에 대해 뭐라고 하셨어?"
"아빠 집에만 다녀오면 꼬질꼬질하네."

전 배우자를 탓하거나 그곳에서 있었던 일들에 대해 물으면 아이의 마음이 어떨까요? 취조하는 것 같고, 따지는 것 같고, 의심하는 것 같고, 말을 잘해야 될 것 같아 초조할 것입니다. 아이들은 그 과정에서 커다란 스트레스를 받습니다. 아이들의 잘못이 아닌데, 어른들의 선택이었을 뿐인데 왜 아이들이 스트레스를 받아야 할까요?

그것은 부모가 아이를 배려하지 못하기 때문입니다. 특히 아이 앞에서는 절대 전 배우자에 대해 험담해서는 안 됩니다. 아이 앞에서 전 배우자를 비난하면 부모를 닮은 아이들은 그 순간이 무척 고통스럽고 힘듭니다. 그러니 궁금해도 참고 넘겨야 합니다. "재미있었니? 아빠랑 보낸 시간이 행복했니? 엄마가 더 알아주기를 바라는 말이 있니?" 정도면 충분합니다. 아이가 먼저 이야기를 꺼내면 잘 듣고

"도움 줄 게 있을까?"라고 물으면 됩니다. 한 걸음 더 나아가 "아빠는 건강하시니? 할머니도 건강하시니?"라고 물을 수 있다면 더욱 좋겠죠.

이혼을 했다면 각자 자신이 처한 특수한 상황에서 아이한테 가장 좋은 방법을 찾아야 합니다. 기억할 것은 아이들이 바라는 건 완벽한 부모가 아니라는 거예요. 솔직하고 진정한 부모의 자세면 됩니다. 자신이 처한 상황에서 최선을 다하는 거죠. 아이들은 안전하다고 느끼면 다 이야기합니다. 만약 도움이 필요하면 도움이 필요하다고 얘기할 거예요. 조금 기다려주면서 아이 앞에서 전 배우자에 대해 험담하지 않는 것, 이것만은 꼭 지키길 바랍니다.

다시 웃는
아이

《내 아이를 위한 감정 코칭(존 가트맨, 조벽, 최성애 저, 한국경제신문사)》을 보면 가정환경에 따른 미국 청소년들의 성장 과정을 조사한 내용이 나옵니다. 이 조사에 따르면, 아이들은 가정의 형태가 아니라 부부의 관계에 따라 달라졌습니다. 일반 가정이라도 엄마, 아빠가 지속적인 갈등과 대립을 보여준 경우 아이들이 성장하면서 힘들어했습니다. 그러나 이혼 가정이지만 각자가 배우자를 존중하고 솔직하게 이야기하며 열심히 사는 모습을 보고 자란 아이들은 엄마, 아빠와 함께 사는 아이들과 다르지 않았다는 거예요.

누구나 이혼을 할 수 있고, 어느 날 갑자기 배우자를 잃을 수도 있습니다. 한 치 앞을 모르는 게 삶이니까요. 중요한 것은 자신이 처한 상황에서 어떤 방식으로 양육하고 아이와 어떤 관계를 맺는가가 아이의 삶에 중요한 역할을 한다는 사실입니다.

이혼이란 상황에 놓이면 자신이 막다른 길에 서 있다는 느낌이 들 수 있습니다. '내가 사람을 잘못 만나서 팔자가 이 모양이 됐다.'라며 자신의 모든 감정을 상대에게 투사할 수도 있죠. 이런 마음으로 자녀를 보면 예쁠 수가 없습니다. 자칫 '애가 없었으면 내 인생이 좀 더 낫지 않았을까?'라는 생각까지 할 수 있죠. 그러니 어떤 상황에서도 '애 덕분에 내가 힘을 낼 수 있다.'라는 생각을 놓쳐서는 안 됩니다. 그것이 진실이고 희망이기 때문입니다.

공감톡

이혼 후 전 배우자를 만나고 온 자녀에게
그곳에서의 일을 따지는 듯한 대화 대신
그 시간 동안의 아이 감정만 알아주세요.

"뭐 먹었어?"
"어디 갔어?"
"무슨 얘기 들었어?"

→ "뭐가 재미있었어?"
"아빠(엄마)랑 함께한 시간이 행복했니?(즐거웠니?)"
"모두 건강하시니?"
"혹시 엄마(아빠)가 알아주기를 바라는 게 있니?"
"혹시 엄마(아빠)가 도와줘야 할 일이 있니?"

부록 1

욕구 목록

우리가 살면서 순간순간 중요하게 여기는 것들이 욕구입니다. 자신에게
무엇이 중요한지 찾아볼 때 사용하세요.

기본 욕구	관련성	예	
생존의 욕구	신체·정서·안전과 관련한 욕구	공기 음식 주거 휴식-수면 신체적 접촉(스킨십) 성적 표현 정서적 안정 경제적 안정	신체적 안전 돌봄(자기) 보호(자기) 애착 형성 자유로운 움직임-운동 건강 웰빙
사회적 욕구	소속감·협력·사랑과 관련한 욕구	연결 유대 소통 배려(헤아림) 존중 상호성 상호 의존 공감 이해 수용 지지 협력 도움 감사 관심 우정 나눔 연민 소속감 공동체 안심(안도)	사랑 위로 위안 신뢰 확신 예측 가능성 일관성 참여 성실성 책무-책임 평화 여유 아름다움 가르침 성취 공유 유연성 친밀함 애착 형성 돌봄(상대) 보호(상대)

힘의 욕구	성취·인정·자존감과 관련한 욕구	평등 질서-조화 자신감 자기표현 중요하게 여겨짐 능력 존재감 공정 진정성 투명성 정직-진실	인정 일치 개성 숙달 전문성 존중 정의 보람 균형 목적-목표 효율성
자유의 욕구	독립·자율성·선택과 관련한 욕구	생산 성장 창조성 치유-회복 선택	자유 주관을 가짐-자립 자율성 혼자만의 시간 자유로운 움직임-운동
재미의 욕구	놀이·배움과 관련한 욕구	재미-놀이 자각 도전 깨달음	명료함 배움 자극-발견
삶의 의미 욕구	영성·인생 예찬과 관련한 욕구	의미 인생 예찬(축하, 애도) 사랑 비전 꿈 희망	영적 교감 영성 영감 존엄성 기여

느낌 목록

상대에게 자신을 잘 이해시키고 싶을 때는 우선 자기감정을 세밀하게 인식하는 것이 중요합니다. 자신의 느낌을 표에서 찾아보세요.

원하는 것이 이루어졌을 때(욕구 충족)	원하는 것이 이루어지지 않았을 때(욕구 불충족)
감격스러운, 벅찬, 뿌듯한	거북스러운
개운한	걱정·근심스러운
고마운, 감사한	고통스러운
고요한, 평온한	귀찮은
그리운	기운이 빠지는, 맥빠진
기쁜	긴장된
긴장이 풀리는, 진정되는	냉랭한
기운이 나는, 원기왕성한	놀란
느긋한	답답한
다정한	당혹스러운
든든한	두려운, 겁나는
마음이 넓어지는, 너그러워지는	뒤숭숭한
매료된	마비가 된 듯한, 경직된
뭉클한	무기력한
반가운	분개한
뿌듯한	불안한
상쾌한	비참한
생기가 도는	서운한, 섭섭한
신나는, 즐거운	성난, 격노한
안도감이 드는	부끄러운
용기가 나는	슬픈

유쾌·통쾌한

자랑스러운

짜릿한

편안한

행복한

호기심이 드는, 궁금한

홀가분한, 후련한

황홀한, 무아지경의

흐뭇한, 흡족한

흥분되는, 설레는

희망에 찬, 기대에 부푼

실망한, 낙담한

아쉬운

초조한, 안절부절못하는

안타까운

암담한, 막막한

압도된

억울한

언짢은

얼떨떨한

외로운

위축된

조급한

좌절스러운

지겨운

지루한

지친

짜증 나는

허전한, 공허한

혼란스러운

화가 난

후회되는

사랑하는 아이에게
하고 싶은 말을 적어보세요.

화내지 않고
상처 주지 않고
진심을 전하는

엄마의 말하기 연습